U0195694

北京地铁6号线西延工程土建施工安全风险控制技术及应用

张 飞 田腾跃 著

中国建筑工业出版社

图书在版编目（CIP）数据

北京地铁6号线西延工程土建施工安全风险控制技术
及应用/张飞，田腾跃著．—北京：中国建筑工业出
版社，2022.10
ISBN 978-7-112-27582-3

Ⅰ.①北… Ⅱ.①张… ②田… Ⅲ.①地下铁道－铁
路工程－工程施工－安全管理－风险管理－研究－北京
Ⅳ.①U231

中国版本图书馆CIP数据核字（2022）第117129号

　　本书是由具备多年轨道交通管理工作经验的作者编写而成，书稿内容详略得当，
图文并茂。全书主要讲述北京地铁6号线西延工程自开工建设，到建成通车过程中的
施工风险控制问题。全书共有5章：第1章 概述，第2章 砂卵石地层地铁车站施工风
险控制技术，第3章 砂卵石地层地铁区间施工风险控制技术，第4章 砂卵石地层地铁
施工下穿重要风险源施工风险控制技术，第5章 砂卵石地层地铁施工穿越重要风险源
施工风险控制技术实例。

　　本书适合广大轨道交通管理人员、施工技术人员阅读使用。

责任编辑：张　健
责任校对：孙　莹

北京地铁6号线西延工程土建施工安全风险控制技术及应用

张　飞　田腾跃　著

*

中国建筑工业出版社出版、发行（北京海淀三里河路9号）
各地新华书店、建筑书店经销
北京龙达新润科技有限公司制版
北京盛通印刷股份有限公司印刷

*

开本：787毫米×1092毫米　1/16　印张：14　字数：338千字
2023年3月第一版　　2023年3月第一次印刷
定价：**68.00**元
ISBN 978-7-112-27582-3
（39769）

作 者 简 介

张飞，硕士研究生、高级工程师。北京市轨道交通建设管理有限公司第四项目管理中心风险监测部部长。先后参与北京地铁6号线、7号线、3号线、12号线和乌鲁木齐市1号线等多条地铁线路的建设管理工作。目前参与发明专利两项，参与实用性专利十余项；参与《城市轨道交通工程施工安全风险技术控制要点》《北京地铁7号线土建施工技术及应用》与《联络通道冻结施工技术规程》等企业标准编写。

田腾跃，硕士研究生、高级工程师。中铁第五勘察设计院集团有限公司就职。先后参与北京地铁7号线、6号线西延、7号线东延地下综合管廊、19号线等多条重点线路建设的监测、巡查与评估咨询等工作。参与了多项科研课题研究工作，参与编写《北京地铁7号线土建施工技术及应用》《城市轨道交通工程测量与实例》等多本地铁建设监测及风险管理相关技术专著及培训教材。

北京地铁 6 号线西延工程位于北京市西部，是连接海淀区与石景山区的一条重要线路，线路全长 10.56km，共设 6 站 7 区间，均为地下线。该线路工程地质条件较为单一，主要为砂卵石地层，部分区段夹杂中粗砂层、黏土层及卵石堆积层，埋深较大处存在大粒径漂石，施工过程中线路穿越大量环境风险工程，施工环境复杂。

该线路施工过程中，通过运用系统化的安全风险管理体系、规范化的安全风险控制技术和高效的信息化管理系统，成功规避了轨道交通工程建设中安全风险事故的发生，在复杂环境下轨道交通建设安全管控中积极探索创新，成效显著。

本书依托北京地铁 6 号线西延工程总结了北京地区砂卵石地层新建地铁车站、区间穿越既有桥梁、地铁、铁路、河湖等重要风险源的风险控制技术，系统研究了不同断面结构工程施工潜在的风险因素与风险控制对策，结合大量典型风险控制案例，对风险控制措施进行评价并对发展趋势进行了展望。

本书作者都是工程第一线的建设者，数据资料来自现场，真实可靠，并结合工程实践进行了创新。整个工程在施工过程中风险控制效果良好，工程建设完成后，作者对建设过程进行了系统总结和提炼，对砂卵石地层地铁设计、施工的风险控制技术进步和经验推广作出了积极贡献。

本书实例丰富，图文并茂，突出应用，对于轨道交通工程参建各方具有重要的参考价值。

2022 年 4 月

前　言

北京地铁自 20 世纪 60 年代开始修建，经过 50 多年的发展，特别是近 20 年高速发展，目前已经建成了运营线路 25 条、运营里程达 780 余公里的地铁网络。伴随着北京地铁建设规模的不断增大，地铁修建过程的安全风险也得到越来越多的重视，为有效防控施工过程的安全风险，北京轨道交通工程安全风险管理体系及第三方监测作为风险防控的主要抓手应运而生。北京轨道交通工程建设安全风险管理体系自 2008 年建立完成，经过 2013 年和 2018 年两次升级之后，现已成为一套完善的防控施工过程安全风险隐患的管理体系。北京轨道交通工程安全风险管理体系的运用极大地减少了北京地铁施工过程的安全风险事故，防控效果明显。第三方监测工作伴随北京轨道交通安全风险管理体系产生，是建设单位依法委托独立于施工单位的专业监测机构，对工程结构、周围岩土体及周边环境等进行量测和巡查，并及时计算、分析量测巡查信息、反馈监测成果和提供咨询建议。第三方监测作为独立的监测方，是建设方在现场的"眼睛"，起到为建设方科学管控风险提供依据的作用。

本书所述的北京地铁 6 号线西延工程，自 2013 年年底开始建设，于 2018 年年底建成通车，线路位于北京市西部，横跨海淀、石景山两个区，线路西起首钢旧址厂区，东至 6 号线一期起点海淀五路居站。沿金顶南路、苹果园南路、田村路自西向东铺设，共 6 站 7 区间，全线长 10.56km，全部为地下线路。除金安桥站及起点—金安桥站部分区间为明（盖）挖法施工外，其余工点均采用矿山法施工。同时本地铁线路还具有以下工程特点：

一是工程地质及水文地质较为单一。全线主要位于砂卵石地层中，局部地层含砂量较少，出现卵石堆积层，自稳性差，开挖过程极易造成拱顶坍塌情况。其中廖公庄站施工过程中，拱顶穿越大范围回填土层，回填土主要为建筑物垃圾，给施工带来了较大的风险隐患。全线开挖过程除西黄村站—廖公庄站区间及起点—金安桥站区间局部涉及地下水外，其余工点底板均位于地下水位以上，受地下水影响较小。

二是延线周边环境复杂。线路横跨海淀区和石景山区，下穿及侧穿多处既有铁路，零距离垂直下穿既有 1 号线苹果园站，穿越大量雨水、污水、热力、燃气、给水、电力、电信等市政管线，穿越多处平瓦房及高层建筑，下穿多处既有桥梁及环路等风险工程，施工风险大。

三是线路涉及施工工法多，施工技术复杂。其中起点—金安桥站区间为明暗挖结合法施工，金安桥站为明（盖）挖法施工，其余车站及区间均采用矿山法施工。矿山法施工中，区间开挖工法涉及标准马蹄形断面台阶法、CD法、CRD法、双侧壁导坑法等。施工过程中涉及多处不同断面过渡施工，暗挖车站主要采用PBA双柱三跨及三柱四跨断面施工。

本书以北京地铁6号线西延工程为背景，通过对线路整体情况、工程地质与水文地质情况、施工重难点、典型工法及典型工点案例进行分析，总结了本线路施工过程的风险管控经验，详细介绍了6号线西延工程重要风险工程施工的风险控制技术与措施，希望能为新建地铁工程提供一定的借鉴。全书主要内容分为5章，主要包括以下内容：

第1章：简要介绍北京地铁6号线西延工程的基本施工概况及水文地质条件；

第2章：主要介绍地铁车站在砂卵石地层条件下的主要风险特点及风险控制技术；

第3章：主要介绍不同断面形式的区间在矿山法施工时风险控制技术；

第4章：主要介绍线路风险源的识别原则、风险控制措施分级和评价方法；

第5章：重点介绍本线路施工下穿既有铁路、既有地铁、河渠、桥梁、管线、建（构）筑物等重要风险源的风险控制技术。

本书由张飞、田腾跃编著，其中第1章～第4章4.1节由田腾跃编写，第4章4.2节～第5章及附录由张飞编写。

北京地铁6号线西延工程由北京市轨道交通建设管理有限公司负责建设，中铁第五勘察设计院集团有限公司负责全线第三方监测工作。本书的编写获得了参建各方以及诸多专家的大力支持及指导，并参考了各相关方提供的技术资料。同时本书在编撰过程中，还参考了相关文献和专业书籍，并得到了王慨慷、张成满、王永、黄齐武、刘兰利、张昊、温向东、谢昭晖、冯英会、王玉龙、陈博、白玉哲、张强、李攀、赵庚群、刘强、高博、郭鑫、李永伟等人员的帮助，谨向相关人员表示感谢！

鉴于作者的水平及认识的局限性，书中难免存在错误和不足，恳请读者批评指正。

作　者
2022年4月

目 录

第1章

概　述

1.1　工程概况

1.1.1　工程简介

北京地铁 6 号线西延工程，西起首钢旧址厂区，东至 6 号线一期起点海淀五路居站，沿金顶南路、苹果园南路、田村路自西向东铺设，涉及 6 站 7 区间，全线长约 10.56km。除起点至金安桥站及部分区间采用明挖法或盖挖法施工外，其余车站及区间线路均采用矿山法施工，其中起点—金安桥站区间为北京市地铁建设以来的第一座二衬装配式施工区间。区间开挖工法涉及标准马蹄形断面台阶法、交叉中隔壁法、双侧壁导坑法等，暗挖车站主要采用 PBA 双柱三跨及三柱四跨断面浅埋暗挖法施工。

北京地铁 6 号线西延工程位于北京市西部，工程地质及水文地质环境较为单一，拱顶主要为砂卵石地层，部分区段夹杂中粗砂层、黏土层及卵石堆积层，开挖过程中极易造成拱顶坍塌。线路周边涉及风险源众多，主要为大台铁路、101 铁路、地铁 1 号线苹果园站、西五环主干道、西黄村桥、田村跨线桥、永定河引水渠、平瓦房、居民楼，以及沿线大量的雨水、污水、上水、燃气等市政管线。其中特级风险工程 4 处，分别为廖公庄站—田村站区间下穿大台铁路桥、廖公庄站—田村站区间下穿 101 铁路桥，苹果园站下穿既有地铁 1 号线苹果园站，金安桥站—苹果园站区间下穿大台铁路。

该项目自 2013 年年底开始施工，至 2018 年 12 月主线路（除苹果园站过站不停车）建成通车，预留苹果园站涉及综合交通枢纽部分附属设施于 2021 年年底施工完成。项目建设过程中，各参建方依据《北京轨道交通工程安全风险管理体系》对项目进行安全风险管控。项目施工期间无重大安全风险事件发生，风险管理体系运行平稳。6 号线西延工程如图 1-1 所示。

1.1.2　土建施工工法概述

北京地铁 6 号线西延工程地质条件较为单一，以砂卵石地层为主，埋深较大处存在大粒径漂石，线路除西黄村站—廖公庄站区间、起点—金安桥站区间局部存在层间渗漏水外，其余工点均位于地下水位以上。同时，线路位于现状道路下方，交通流量大，道路周边用地紧张，不具备交通导改条件，道路下方市政管线布置错综复杂，不具备管线改移条件。综上所述，该线路在工点设计中，车站采用矿山法、明挖法和盖挖法，区间采用矿山法。

图 1-1 北京地铁 6 号线西延工程示意图

1.1.2.1 地铁车站施工工法

地铁车站施工工法中，因工程地质、水文地质条件及周边场地环境条件不同，分为明挖法、盖挖法和矿山法等工法。北京地铁 6 号线西延工程共涉及 6 座车站，分别为：田村站、廖公庄站、西黄村站、苹果园南路站、苹果园站、金安桥站。除金安桥站采用明挖和盖挖法施工外，其余车站均采用矿山法施工。

明挖法是先从地面向下开挖基坑，开挖至设计标高后，自基底部位由下向上进行防水及二衬结构施工，结构顶板施工完成后，进行土方回填，最终完成地铁车站施工的方法。明挖法施工具有成本低、速度快、结构受力条件好、防水性能好、应用广泛的优点。但也存在施工对外界环境影响大、噪声及振动大等缺点。因此明挖法适宜应用于场地开阔，周边环境简单的地点。明挖法因其放坡及围护结构形式不同，分为土钉墙放坡开挖、桩撑支护开挖、桩锚支护开挖等。本工程金安桥站采用明挖法施工，桩撑及桩锚结合支护形式。

盖挖法是先行施工结构的顶板，在顶板部位预留出土口，然后在顶板保护下开挖其余下部土体的工法。因主体结构施工顺序不同，盖挖法可分为盖挖顺作法、盖挖逆作法、盖挖半逆作法。本条线路金安桥站涉及部分盖挖逆作法作业。

矿山法是指在不开挖地面的情况下，通过竖井、横通道等进行车站主体结构土方开挖及结构施工的作业方法，本工程结合北京西部砂卵石地层特点，车站主要采用 PBA 法（洞桩法）施工，涉及两柱三跨、三柱四跨断面。涉及车站为：田村站、廖公庄站、西黄村站、苹果园南路站、苹果园站。其中苹果园站部分区段采用平顶直墙结构施工，增加了作业过程风险控制的难度。

1.1.2.2 地铁区间施工工法

地铁区间施工工法中，因场地工程地质、水文地质及周边环境的不同主要有明挖法、盖挖法、暗挖法、盾构法施工。其中盖挖法应用于轨排井、区间风井较多，应用于大范围区间施工较少。区间正线施工过程中，以明挖法、矿山法、盾构法为主。

北京地铁 6 号线西延工程共涉及 7 座区间，分别为：田村站——一期起点区间、廖公庄站—田村站区间、西黄村站—廖公庄站区间、苹果园南路站—西黄村站区间、苹果园站—苹果园南路站区间、金安桥站—苹果园站区间、起点—金安桥站区间。其中田村站——一期起点区间轨排井采用明挖法桩锚支护施工，廖公庄站—田村站区间 3 号风井采用盖挖逆作法施工，起点—金安桥站区间扩大段采用明挖法桩撑支护施工。其余区间区段采用矿山法施工，主要涉及标准马蹄形断面台阶法、交叉中隔壁法、双侧壁导坑法等工法施工。

1.1.3 本线路土建施工重点及难点

1. 全线风险源众多，且较为复杂

北京地铁 6 号线西延工程线路周边涉及风险工程众多，共涉及三级以上风险工程 629 处，其中特级风险工程 4 处，一级风险工程 319 处，二级风险工程 248 处，三级风险工程 58 处。4 处特级风险工程分别为廖公庄站—田村站区间下穿大台铁路桥、廖公庄站—田村站区间下穿 101 铁路桥、苹果园站下穿既有地铁 1 号线苹果园站、金安桥站—苹果园站区间下穿大台铁路等，其基本风险情况见表 1-1。其他风险源中包括区间下穿西五环主干道、西黄村桥、田村跨线桥、永定河引水渠、平瓦房、居民楼，以及沿线大量的雨水、污水、上水、燃气等市政管线。众多风险源使得线路施工风险增大，对工程建设过程的风险控制带来了极大挑战。

6 号线西延工程特级环境风险工程情况统计表　　　　　　　　表 1-1

工点	风险工程名称	风险工程基本描述	主要设计加强措施
廖公庄站—田村站区间	区间暗挖下穿大台铁路	区间左、右线分别以 33°、27° 斜下穿既有铁路	深孔注浆＋临时仰拱
	区间暗挖垂直下穿 101 铁路	区间左、右线分别以 84.6°、86.3° 斜下穿既有铁路	深孔注浆＋临时仰拱
苹果园站	车站暗挖主体下穿 M1 苹果园站	该段车站主体采用两层三跨箱型框架结构，洞桩法施工。该断面总长 67.2m(结构叠合段约 35m)，宽度为 23.5m，高度 14.92m，底板埋深约 27.029m。既有线为单层四跨或单层五跨框架结构，四跨结构宽 17.0m，高 6.45m；五跨结构宽 29.6m，高 6.8m。明挖法施工，既有线覆土约 4.9m。M6 苹果园站顶板密贴下穿 M1 苹果园站主体结构	深孔注浆加固
金安桥站—苹果园站区间	暗挖区间垂直下穿大台铁路	左线下穿垂直距离 16.32m，右线下穿垂直距离 16.97m	深孔注浆＋临时仰拱，轨道采用扣轨保护，对路基进行注浆加固

北京地铁 6 号线西延工程施工过程中，存在近距离下穿多条大直径雨污水管线情况，部分管线建成时间较长，存在不同程度渗漏水情况，增加了施工难度和施工过程管线保护的难度。

2. 砂卵石稳定性差，局部涉地下水

北京地铁 6 号线西延工程全线为砂卵石地层，埋深较深部位存在大粒径漂石，卵石之间细颗粒填充较少，卵石较为松散，造成地铁隧道开挖过程拱顶地层极易坍塌掉块。如何减少和防止开挖过程拱顶掉块，以及如何处理大粒径漂石，减少对地层的扰动是本线路施工过程的重点，也是难点。

在线路土建施工过程中，西黄村站—廖公庄站区间及起点—金安桥站区间暗挖段施工过程局部遇地下水，卵石地层渗透系数较大，施工过程如何止水、排水也是本工程施工的重点和难点。

3. 换乘站工序转换多，断面复杂，相互影响

北京地铁 6 号线西延工程涉及换乘站 2 处，为苹果园站和金安桥站。6 号线西延苹果园站与 1 号线苹果园站、S1 线苹果园站三站换乘，同时预留远期综合交通枢纽条件。苹果园站施工过程中，首先采取过站不停车方式进行运营，进行多处换乘节点施工，如三层明挖换乘厅、枢纽过街通道、换乘通道等，对新建结构及既有结构均存在不同程度的施工扰动。如何在新建 6 号线西延苹果园施工区间减少对既有线的扰动，及换乘枢纽附属设施施工期间保证新建结构及既有结构的稳定及安全运营是本工程的重点。

6 号线西延工程金安桥站与新建磁悬浮 S1 线金安桥站进行换乘，两站平行东西向布置，S1 线金安桥站先行施工完成，并投入运营。如何保证 6 号线西延工程金安桥站施工过程既有 S1 线结构的稳定及安全运营是本工程的重点。

1.1.4 本线路土建施工主要创新技术

本线路土建施工过程风险控制主要依托于《北京轨道交通工程安全风险管理体系》进行，线路的土建施工过程整体控制效果较好。在施工过程中，线路参建方积极推进各类研发创新工作，主要开展的创新工作如下：

1. 新体系进度功能上线

北京地铁 6 号线西延工程风险管理与北京地铁其他线路风险管理一样，依托于《北京轨道交通工程安全风险管理体系》，并借助于风险管理系统平台进行。《北京轨道交通工程安全风险管理体系》及系统平台于 2008 年开始启用，经过 2013 年第一次修编升级，开始应用于北京地铁 6 号线西延工程。2016 年适逢《北京轨道交通工程安全风险管理体系》第二次升级，6 号线西延工程作为试点线路，协助体系升级工作组完成了风险平台进度模块的研发、测试及实施工作。

该进度模块的使用，依托于第三方监测单位前期的 GIS 底图、进度轴线的初始化，依托于施工单位现场进度管理人员的进度复核及上传工作。进度模块的上线，使得现场土建作业进度直观地在风险系统平台进行了展示。配合 GIS 底图中的各类风险工程图示及测点展示，更为直观地反映出开挖面与工程自身及周边风险源的关系，极大提高了风险咨询分析人员的工作效率和风险管控的效果。北京地铁 6 号线西延工程进度展示如图 1-2 所示。

2. 即时监测系统的研发及测试

监测是对地铁建设过程起到关键预防保护性的工作，通过监测数据可以掌握地铁施工过程结构自身及周边环境的变形趋势，对于"信息化"施工具有极其重要的指导意义。监测过程中，为了提高监测工作准确性、及时性和效率性，减少重复性的内业处理工作，北京市轨道交通建设管理有限公司组织第三方监测单位进行了即时监测系统的研发工作，首期进行的是沉降即时监测上传系统的研发。北京地铁 6 号线西延工程作为首批试点项目，对监测系统进行了测试工作。

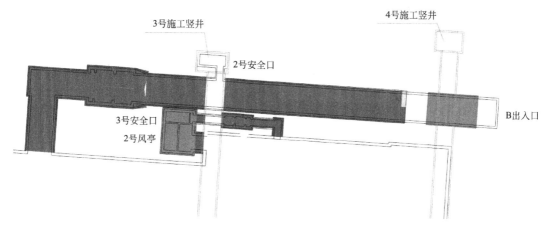

图 1-2　北京地铁 6 号线西延工程进度展示图（廖公庄站附属）

该沉降即时监测系统是通过电子水准仪外接蓝牙模块与手持设备连接，通过手持设备研发的软件进行数据的整合计算，监测完成后即生成成果数据，经确认无误后上传至系统平台。如发现数据异常立即复核，避免误报警。该过程减少了监测数据的内业处理工作，使得监测完成后，现场及系统平台可第一时间查看成果数据，提高了监测工作准确性、及时性和效率性，保证了现场风险管控效果。即时监测系统如图 1-3、图 1-4 所示。

图 1-3　即时监测系统现场监测

图 1-4　即时监测系统软件样图

3. 自动化收敛监测系统的研发

随着城市轨道交通行业的快速发展，越来越多的工程开始选取对外部环境影响小的暗挖法及盾构法来施工。在采用暗挖法施工时，需先行施工用于运送材料及出土的竖井及横通道。在竖井施工期间，为确保竖井井壁的稳定，需对竖井井壁进行收敛监测。而传统的监测方法因场地及现场条件限制，不能及时有效地对竖井收敛变形进行监测，因此十分有必要研发一种自动化收敛监测设备及配套系统，对竖井井壁进行收敛监测。北京地铁 6 号线西延工程在竖井施做期间，利用激光测距原理，研发了竖井收敛监测系统。该系统通过实施监测竖井井壁间的距离，实现了竖井井壁间收敛值的实时监测，保证了数据获取的及时性，起到了保护竖井井壁稳定的作用。

1.2　线路工程地质与水文地质情况

1.2.1　区域地质条件概述

地铁修建过程中，无论采取哪种工法，地质条件对工程建设的影响均处于首位。只有充分了解地层的工程地质、水文地质特点，才能更准确地选择土建施工方法、地层加固方法，从而更好控制施工风险。

北京地铁 6 号线西延工程施工过程中，其地理位置主要位于北京市西部，地层情况较为单一，以砂卵石地层为主，除局部涉及地下水外，大部分位于地下水水位以上，施工基本未受地下水的影响，以砂卵石地层影响为主。

1.2.1.1　地形地貌特点

北京地区位于华北平原的西北部，属于山前平原，呈现出西北侧偏高、东南侧偏低的冲洪积平原分布方式。主要由大清河、永定河、温榆河、潮白河和蓟运河 5 条河流联合的冲洪积而成，其中西北部高程 70～90m，东南部高程 25～30m，北京平原地貌剖面图如图 1-5 所示。

北京地铁 6 号线西延工程位于北京市西部，横跨海淀区与石景山区，线路西部及北部为山区，地势西高东低，整体较为平坦。

1.2.1.2　构造地质条件

受第四纪地质构造运动影响，北京平原原有的"两隆一凹"构造格局发生变化，原"北京凹陷"隆起，与大兴隆起形成一个块体，原"京西隆起"因北京西山抬升和八宝山断裂以南地块隆起，形成凹陷区。使得北京地质构造形成以顺义凹陷、沙河凹陷、太行山断块隆起、大兴隆起为主的构造形式。

北京地区的地质构造格局是新生代地壳构造运动形成的，以断裂及其控制的断块活动为主要特征。新生代活动的断裂主要有北北东—北东向和北西—东西向两组，大部分为正断裂性质，并在不同程度上控制着新生代不同时期发育的断陷盆地，断裂分布多集中成带。

北京地区北北东—北东向的第四纪活动断裂主要有延矾盆地北缘断裂、南口山前断裂、沿河城—紫荆关断裂、八宝山断裂、黄庄—高丽营断裂、良乡—前门—顺义隐伏断裂、南苑—通县断裂、礼贤—牛堡屯断裂、夏垫—马坊断裂、大华山断裂、河防口—北石城断裂、青石岭断裂。第四纪以来各条断裂活动性差异较大，且具有分段活动的特点。

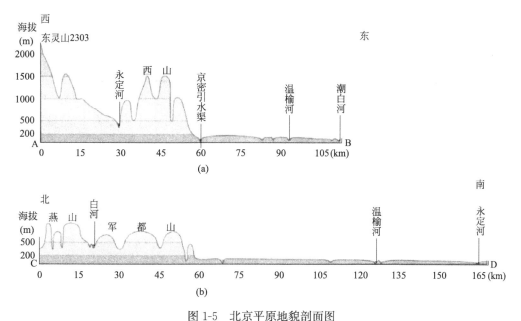

图 1-5 北京平原地貌剖面图

（a）东灵山—潮白河（横剖面）；（b）喇叭沟门—永定河（纵剖面）

北京地铁 6 号线西延工程场地范围涉及的断裂带如下：

（1）八宝山断裂：八宝山断裂形成于燕山运动中期，为压性断裂，主要为逆断层活动，南东盘（上盘）的震旦亚界逆冲于古生界或中侏罗统之上。总体走向 50°，倾向南东，倾角 20°～69°，为早、中更新世活动断裂，晚更新世以来不活动。

（2）黄庄—高丽营断裂：黄庄—高丽营断裂为界于京西北隆起与北京凹陷之间的边界断裂。黄庄—高丽营断裂控制凹陷沉积中心，下第三系沉积中心在丰台凹陷，上第三系沉降中心在北京城区，第四系沉降中心在顺义凹陷。该断裂是高角度正走滑断层，走向北北东，倾向南东，倾角 55°～75°。黄庄—高丽营断裂具有明显的分段活动性：东北段活动最强烈，晚更新世—全更新世仍在活动；中段隐伏地下，第四纪晚期不再活动；西南段最新活动主要发生在中更新世，部分段晚更新世晚期还在活动。

北京地铁 6 号线西延工程位于黄庄—高丽营断裂中段西侧，与八宝山断裂北段形成斜交关系，本场地位于八宝山断裂北段西侧。北京平原断裂带分布如图 1-6 所示。

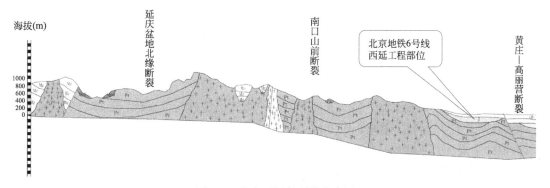

图 1-6 北京平原断裂带分布图

1.2.1.3 水文地质条件

地下水的影响是地铁建设过程中需重点考虑的环境因素。北京平原地区按地下水赋存形式，可分为基岩裂隙水和第四纪松散岩类孔隙水。第四纪松散岩类孔隙水又分为上层滞水、潜水、承压水。地下水主要存在于砂卵石地层。

根据北京地区地层、岩性及其他水理特性，可将对地铁建设有影响的40m深度范围内地下水大致分为Ⅰ区、Ⅱ区、Ⅲ区三个大区，三个大区可进一步分为Ⅰa、Ⅰb、Ⅰc、Ⅱa、Ⅱb、Ⅲa、Ⅲb七个区，各区地下水特征见表1-2。

北京地区地下水特征 表1-2

大区	Ⅰ区			Ⅱ区		Ⅲ区	
亚区	Ⅰa区	Ⅰb区	Ⅰc区	Ⅱa区	Ⅱb区	Ⅲa区	Ⅲb区
位置	东北郊	东郊	东南郊	老城区北部	老城区大部	清河流域	西郊和西南郊
地下水分布特征	30m之内有2～4个含水层，上部为台地潜水层，中部1～2个层间水含水层；下部潜水或承压含水层	基本同Ⅰa区。由于地处古金沟河下游的网状河流区域，台地潜水分布不连续，又因古河道岩性颗粒较粗，成为本地区地下水汇流通道	基本同Ⅰa区。受Ⅰb古河道影响，本地下水流向由东西流向北东，区别于其他区域	围绕王府井一代分布有丰富的上层滞水；中部为层间水；下部潜水或承压水	基本同Ⅱa区。区别在于上层滞水较少	潜水类型分布特征受现代河流控制，河流一级阶地下分布有承压水	潜水，一般埋藏较深，受人为因素影响，水位变幅较大

北京地铁6号线西延工程主要位于水文地质Ⅲ区，本区域地下水主要为第四系松散沉积物孔隙水。受地层岩性分布特点的影响，该区域地下水较为单一，主要为潜水，埋深较大，含水层主要为卵石层。

1.2.2 线路工程地质条件

北京地铁6号线西延工程场地属于单一工程地质单元。

地面以下58m深度范围内地层可分为人工堆积层、新近沉积层、一般第四纪沉积层。

1. 人工堆积层（Q^{ml}）

粉质黏土素填土①层：黄褐色，松散—稍密，稍湿，可塑，以粉质黏土为主，含少量白灰、草根、砖渣、灰渣，偶尔含少量卵石。

卵石素填土①$_3$层：杂色，稍密—中密，稍湿，以卵石为主，含少量砖渣、灰渣及黏性土。

2. 新近沉积层

细砂②$_3$层：褐黄色，稍湿，中密，主要矿物成分是石英、长石、云母。

卵石②$_5$层：杂色，稍湿，密实，一般粒径4～10cm，部分可达15～20cm，亚圆形，母岩成分主要为石英砂岩、辉绿岩、安山岩、白云岩，中粗砂充填。

3. 一般第四纪沉积层（Q^{al+pl}）

卵石⑤层：杂色，稍湿，密实，一般粒径5～10cm，部分可达15～20cm，最大粒径达 35cm 以上，亚圆形，母岩成分主要为石英砂岩、辉绿岩、安山岩、白云岩，中粗砂充填。

卵石⑦层：杂色，稍湿，密实，一般粒径 4～12cm，部分可达 16～25cm，最大粒径达 40cm 以上，亚圆形，母岩成分主要为石英砂岩、辉绿岩、安山岩、白云岩，中粗砂充填。

粗砂⑦$_1$层：褐黄色，稍湿，密实，主要矿物成分是石英、长石、云母，该层呈透镜体状分布。

卵石⑨层：杂色，湿—饱和，密实，一般粒径 5～12cm，部分可达 17～26cm，最大粒径达 60cm 以上，亚圆形，母岩成分主要为石英砂岩、辉绿岩、安山岩、白云岩，中粗砂充填。

粗砂⑨$_1$层：褐黄色，饱和，密实，主要矿物成分是石英、长石、云母，该层呈透镜体状分布。

卵石⑪层：杂色，饱和，密实，一般粒径 6～12cm，部分可达 16～25cm，最大粒径达 60cm 以上，亚圆形，母岩成分主要为石英砂岩、辉绿岩、安山岩、白云岩，中粗砂充填。

粗砂⑪$_1$层：褐黄色，饱和，密实，主要矿物成分是石英、长石、云母，该层呈透镜体状分布。

1.2.3 线路水文地质条件

北京地铁 6 号线西延工程线路勘察深度范围内仅发现一层地下水，地下水类型为潜水（二）。根据沿线地下水的埋藏形式、含水层及相对隔水层分布特征，将本次勘察范围划分为一个水文地质单元。地下水详细情况如下：

潜水（二）：含水层主要为卵石⑨层和卵石⑪层，初见水位标高为 25.45～25.72m，埋深为 30.20～30.30m，稳定水位标高为 25.17～25.52m，埋深为 30.40～30.60m。主要接受降水及侧向径流补给，以侧向径流和向下越流为主要排泄方式，该层水在整个场地普遍分布。

1.2.4 地质条件对土建施工的影响

北京地铁 6 号线西延工程主要位于砂卵石地层，局部涉水，主要采用矿山法施工。本节主要针对砂卵石地层中矿山法施工的主要问题进行分析论述。

1.2.4.1 工程地质条件的影响

1. 大粒径卵石对地层矿山法区间及车站的影响

北京地铁 6 号线西延工程矿山法车站下层小导洞及区间开挖过程中，因开挖部位位于卵石⑦及卵石⑨层，局部存在大粒径漂石。如何处理漂石是本工程施工的一大难点。针对开挖范围内不影响初支格栅架设的漂石，可采取直接开挖的方式进行处理。对于拱顶部位存在的漂石，为减少对地层稳定性的影响，在不影响结构限界的前提下，一般采用绕行的方式进行处理。即采取保留漂石，在其两侧架设格栅进行支护，然后喷射混凝土进行初支施工的方式。经过多次实践证明，该方式有效避免了开挖拱顶部位漂石带来的地层坍塌风险。

2. 松散砂卵石地层对矿山法区间及车站的影响

北京地铁 6 号线西延工程隧道施工过程中，开挖面地层较为单一，为砂卵石地层，局部地层含砂量较少，出现卵石堆积层，自稳性差，且超前小导管不易打设，开挖过程极易造成拱顶及开挖面地层坍塌的情况出现。针对此情况，需采取深孔注浆等加固措施以保证开挖面的稳定及上方风险源的安全。现场实施过程中，通过注浆试验，选取了适宜于现场地层的注浆机械、注浆参数及加固地层的开挖长度，有效减少了地层超挖及坍塌情况的出现。

1.2.4.2 水文地质条件的影响

北京地铁 6 号线西延工程涉及地下水的工点为两处，分别为西黄村站—廖公庄站区间，起点—金安桥站区间。

西黄村站—廖公庄站区间施工过程中，地下水主要位于区间仰拱上部。该部位仰拱处存在粉质黏土夹层，夹层上方存在渗漏水情况。现场实施过程中，受地下水冲刷，易造成下台阶部位局部坍塌，区间正线仰拱部位大量积水，给施工带来较大影响。经过多方研究，决定采用自渗井方式进行排水。即在区间仰拱部位开挖自渗井，穿透粉质黏土层，使水流下渗。经过现场实践，该方式有效解决了现场积水问题，保证了区间的顺利施工。

起点—金安桥站区间施工过程中，因该区间靠近西部石景山，水位埋深较浅。区间开挖过程中，拱顶及上台阶部位出现渗漏水，渗漏水影响了开挖面的稳定性。针对此问题，现场采取了区间周边打设降水井，洞内辅以深孔注浆的方式。设置降水井，有效减少了洞内渗漏水量。洞内注浆后，使渗漏水地层得到加固，避免了开挖过程的地层超挖及坍塌情况。综合上述措施，有效规避了现场地下水的问题，保证了起点—金安桥站区间的顺利施工。

1.2.4.3 环境地质条件的影响

北京地铁 6 号线西延工程地质情况较为单一，为砂卵石地层，受环境地质条件影响的区段仅廖公庄站。该场地因施工前为垃圾填埋场，存在大量建筑及生活垃圾，以砖块、混凝土、灰渣等建筑垃圾为主，局部含木材、衣物等生活垃圾，充填 10%～20% 不等的卵石及少量黏性土。车站导洞开挖过程中，拱顶存在建筑垃圾时，开挖过程易造成拱顶大范围超挖及坍塌情况。针对该大范围杂填土层，现场施工过程采取从地面向下深孔注浆的方式进行加固。注浆后，开挖面稳定性得到有效提高，保证了开挖过程地层的稳定。

第 2 章

砂卵石地层地铁车站施工风险控制技术

北京地铁 6 号线西延工程位于北京市西部地区，横跨海淀区及石景山区，沿田村路、苹果园南路、金顶南路铺设，全线共设 6 站 7 区间。其中矿山法车站 5 座，分别为田村站、廖公庄站、西黄村站、苹果园南路站、苹果园站，均采用 PBA 法施工。明（盖）挖法车站 1 座，为金安桥站。车站施工过程穿越地层主要为砂卵石地层，地下水位位于结构底板以下，不涉及地下水影响。车站施工过程中，涉及风险源主要为雨水、污水、燃气、上水等市政管线，以及车站周边的既有建（构）筑物等。施工过程对变形控制较为严格，同时结合砂卵石地层黏聚力小、易掉块等特点，开挖过程极易造成拱顶超挖及坍塌，施工过程对拱顶的控制显得尤为重要。本章主要结合砂卵石地层修建车站过程的主要风险点和风险控制要点进行论述。

2.1 洞桩法车站施工风险控制技术

2.1.1 北京地铁 6 号线西延工程洞桩法车站概述

2.1.1.1 车站情况概述

北京地铁 6 号线西延工程洞桩法车站施工过程中，因车站底板位于地下水位上，施工过程不受地下水影响，施工时各车站普遍采取了先下层导洞、后上层导洞的施工工序，较好地控制了上层导洞的沉降变形。北京地铁 6 号线西延工程洞桩法车站工点信息见表 2-1。

北京地铁 6 号线西延工程洞桩法车站工点信息一览表（m）   表 2-1

车站名称	车站位置	车站形式	车站外轮廓尺寸	顶板覆土厚度	底板埋深	施工工法
田村站	田村路与玉泉路-旱河路交叉路口	地下双层双柱（三柱）联拱结构	288.0×27.2	11.9	29.0	洞桩法
廖公庄站	田村路与巨山路交叉路口	地下双层双柱（三柱）联拱结构	239.8×26.7	5.8~12.2	22.5	
西黄村站	西五环外西黄村桥西	地下双层双柱（三柱）联拱结构	256.9×26.6	8.5	25.0	
苹果园南路站	苹果园南路与苹果园大街-杨庄大街交叉路口东侧	地下双层双柱联拱结构	259.7×26.6	6.9~7.9	24.0	
苹果园站	苹果园南路西段	地下双层双柱联拱结构	324.4×26.7	10.8~11.7	24.0	

2.1.1.2　车站施工工序

北京地铁 6 号线西延工程 PBA 法车站施工过程工序基本一致，主要工序为：

第一步：由横通道开挖施工小导洞，开挖前打设小导管预注浆或深孔注浆加固地层，开挖导洞并支护。先开挖边导洞，后开挖中导洞；先开挖下导洞，后开挖上导洞。施工中，初支背后及时回填注浆，并进行监控量测，导洞到头后及时进行端头封堵。

第二步：小导洞施工完成后，施工边桩下条形基础，在下、中导洞内施工部分底板、底纵梁和防水层，预留底板接驳钢筋。

第三步：由上导洞内往下进行钢管柱和边桩挖孔施工，吊装钢管柱和施工边桩，浇筑桩顶冠梁、柱顶纵梁和防水层，预留二衬顶拱钢筋接驳，防水层预留接搓。施工上边导洞内的主拱初支，导洞内回填施工。

第四步：由横通道内打设主拱拱顶小导管预注浆或深孔注浆加固地层，对称开挖边拱并支护，中拱施工和边拱错开一定距离。施工中及时对初支背后进行注浆并进行监控量测。

第五步：破除主体结构范围内的导洞初支，每次施工破除长度根据现场监控量测结果确定，施工主拱二衬、侧墙和防水层，预留钢筋与后续结构接驳，防水层预留接搓。拆除初支和浇筑二衬结构时两边跨先行，中跨部前后纵向错距不小于两柱跨。车站端墙与拱部同步逆做浇筑。两边跨浇筑完成后、中跨拆除初支及浇筑二衬结构之前，要加强监测钢管柱应变及柱顶水平位移，当出现预警时应及时在中跨两侧顶纵梁间架设钢支撑。

第六步：继续向下开挖土层到中板底标高，平整地模，浇筑中板和土建风道、中梁、上层侧墙结构和铺设防水层，预留钢筋与下层侧墙接驳，防水层预留接搓。

第七步：继续向下开挖土层到底板标高，破除主体结构范围内的下导洞，铺设垫层、防水层，浇筑剩余底板和侧墙结构。

第八步：施工车站内部结构，车站主体土建施工完成。

PBA 法车站工序示意如图 2-1～图 2-8 所示。

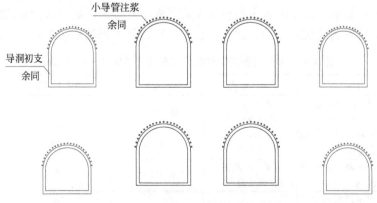

图 2-1　PBA 法车站工序示意图（工序一）

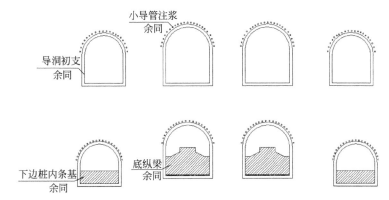

图 2-2 PBA 法车站工序示意图（工序二）

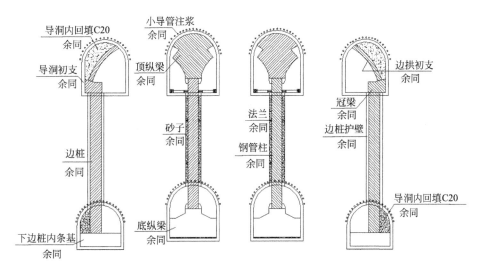

图 2-3 PBA 法车站工序示意图（工序三）

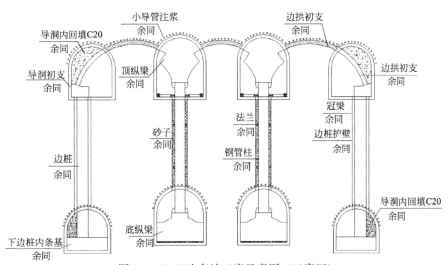

图 2-4 PBA 法车站工序示意图（工序四）

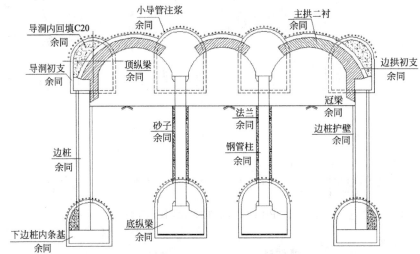

图 2-5　PBA 法车站工序示意图（工序五）

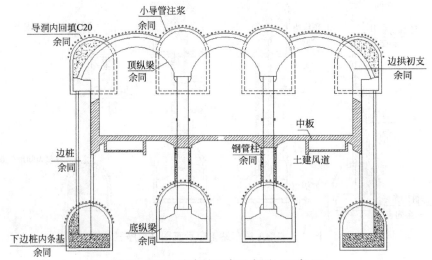

图 2-6　PBA 法车站工序示意图（工序六）

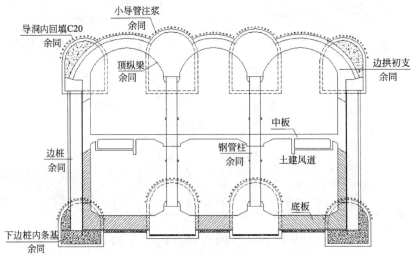

图 2-7　PBA 法车站工序示意图（工序七）

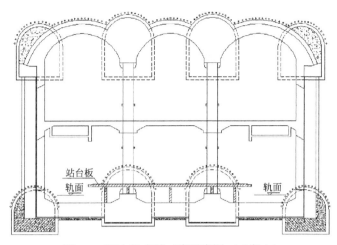

图 2-8　PBA 法车站工序示意图（工序八）

2.1.1.3　砂卵石地层 PBA 车站地层加固形式

6 号线西延各车站施工过程中，根据车站开挖部位所处地层的不同、车站上方及周边风险源的不同，主要采用了超前小导管注浆及深孔注浆的加固方式进行地层加固。采取加固方式的不同，对地层也起到了不同的加固效果。各车站加固方式统计表如表 2-2 所示。

北京地铁 6 号线西延工程车站加固方式统计表　　　　　表 2-2

车站名称	上方风险源	主要加固方式	深孔注浆加固范围	备注
田村站	雨水、污水、上水、燃气等市政管线	小导管+深孔注浆	管线下方，车站 4/5 面积范围	加固断面为初支内轮廓 0.5m，外轮廓 1.5m
廖公庄站	雨水、上水、燃气等市政管线	小导管+深孔注浆	车站 1/10 面积范围	
西黄村站	雨水、污水、上水等市政管线	深孔注浆	整个车站上方	
苹果园南路站	雨水、污水、上水、燃气等市政管线	深孔注浆	整个车站上方	
苹果园站	雨水、污水、上水、既有 1 号线	小导管+深孔注浆	车站 1/6 面积范围	

6 号线西延工程 PBA 法车站中，除廖公庄站车站范围存在大部分杂填土层外，其余车站拱顶基本为砂卵石地层。针对近距离下穿的管线，为减少管线变形，主要采取深孔注浆方式进行加固。深孔注浆过程，主要采用水泥+水玻璃双液浆，注浆范围为初支内 0.5m 及初支外 1.5m。典型注浆断面图如图 2-9 所示。

2.1.1.4　砂卵石地层 PBA 车站施工对地层沉降影响分析

6 号线西延工程施工过程中，各车站上方管线、地表测点沉降情况如表 2-3 所示。

北京地铁 6 号线西延工程车站上方测点沉降统计表　　　　　表 2-3

车站名称	车站上方变形范围(mm)	平均变形(mm)	各车站平均变形(mm)
田村站	−63.43～24.34	−22.19	−17.63
廖公庄站	−97.24～53.95	−27.29	
西黄村站	−35.41～7.94	−8.67	
苹果园南路站	−10.05～40.23	−6.84	
苹果园站	−56.08～9.05	−22.95	

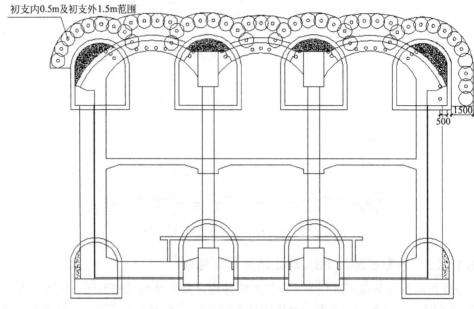

图 2-9　PBA 法车站深孔注浆断面图

各车站上方监测点沉降变形区域如图 2-10～图 2-14 所示。

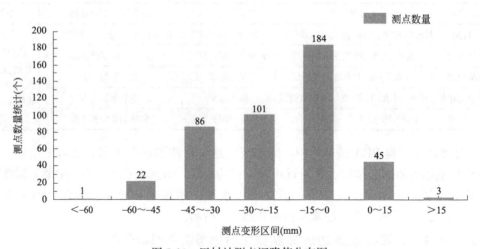

图 2-10　田村站测点沉降值分布图

通过对上述五个车站的分析，6 号线西延工程 PBA 车站拱顶覆土厚度范围为－5.8～11.2m，车站施工完成后，车站上方测点沉降平均为－17.63mm。当拱顶采取小导管结合深孔注浆加固的车站，上方地层测点沉降值集中于－45～0mm，呈现出－15～0mm 范围沉降测点偏多的分布趋势。拱顶采取深孔注浆加固方案的车站，上方地层沉降集中于－20～10mm，且－10～0mm 范围沉降测点偏多的分布趋势。

选取田村站典型监测断面对砂卵石地层 PBA 车站沉降槽分析，由其沉降断面分析可知：该主体横断面的沉降未超过控制值（－60～10mm），该监测断面呈现出关于车站中线的对称性，车站中线两侧沉降小、中间沉降大，呈"U"形分布（底部较平）。主测断

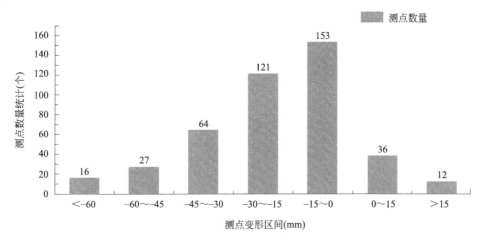

图 2-11　廖公庄站测点沉降值分布图

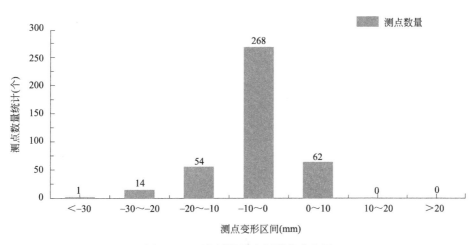

图 2-12　西黄村站测点沉降值分布图

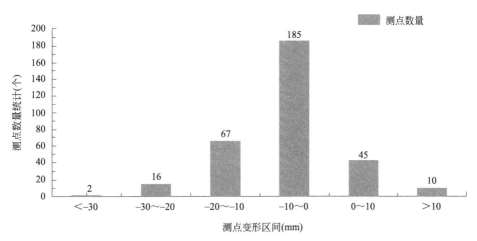

图 2-13　苹果园南路站测点沉降值分布图

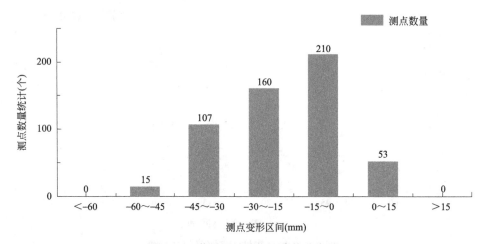

图 2-14　苹果园站测点沉降值分布图

面的南北两侧沉降相近，暗挖车站主体施工对周边环境影响范围基本为 1 倍车站开挖深度。田村站典型沉降槽曲线图如图 2-15 所示。

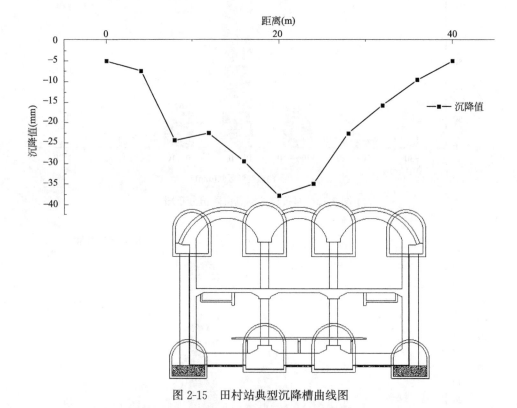

图 2-15　田村站典型沉降槽曲线图

2.1.2　北京地铁 6 号线西延工程典型暗挖车站风险控制技术

北京地铁 6 号线西延工程矿山法车站施工中，均采用 PBA 工法施工，车站所处地层均为砂卵石地层，不受地下水影响。施工过程中为有效减少砂卵石地层施工过程风险，采取小导管注浆及深孔注浆方式进行地层加固，保证了地层加固效果。本节以田村站为例进行砂卵石地层暗挖车站施工风险控制技术的分析论述。由于廖公庄站位于大范围杂填土层，以廖公庄站为例，对杂填土层中暗挖车站施工过程风险控制技术进行分析论述。

2.1.2.1　田村站风险控制技术

1. 工程概况

田村站位于田村路和玉泉路、旱河路交叉口，沿田村路方向跨路口东西向一字形布置。6号线西延田村为地下车站，双层双柱三跨框架结构（西端为三柱四跨），采用洞柱法施工，覆土11.93m，底板埋深29m，车站长288m。车站附属结构中出入口、风井明挖施工，风道、出入口通道暗挖施工。

施工阶段：车站设置5个临时施工竖井、4个横通道进行主体结构施工。

使用阶段：车站设4个出入口，1个紧急疏散口，1个无障碍电梯，2组风亭，预留1个换乘通道。田村站平面布置如图2-16所示。

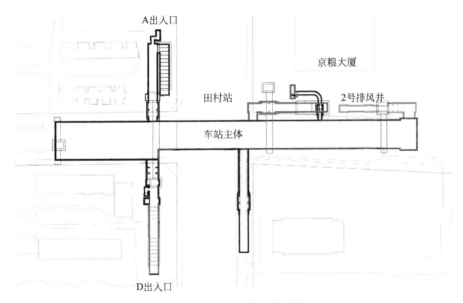

图 2-16　田村站平面布置图

田村站车站采用洞桩法施工。与传统洞桩法车站不同，车站1号横通道西侧采用两层三柱四跨四连拱断面，1号横通道东侧采用两层两柱三跨三连拱断面，如图2-17和图2-18所示。

田村站工程范围内，由上而下依次为：杂填土①层，卵石②层，卵石⑤层，卵石⑦层，卵石⑨层。车站结构主要位于⑤、⑦及⑨卵石层，隧道围岩基本分级为Ⅴ级，围岩稳定性差，结构顶板无法形成自然应力拱，易塌落，结构边墙易发生坍塌现象。本站范围地表以下赋存一层地下水，水位于结构底板以下，车站施工不受地下水影响。田村站地质剖面图如图2-19所示。

2. 车站施工过程主要风险点及处理措施

田村站施工过程中，主要风险点为：①车站结构主要位于卵石层，围岩稳定性差，结

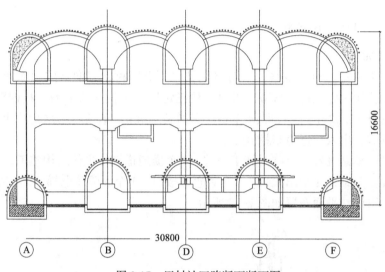

图 2-17　田村站四跨断面断面图

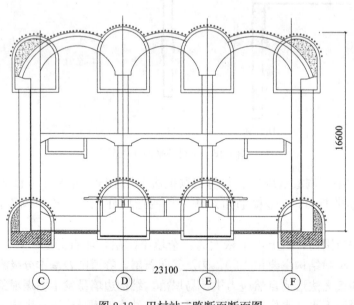

图 2-18　田村站三跨断面断面图

构顶板无法形成自然应力拱，边墙部位易发生坍塌现象；②拱顶近距离穿越大量市政管线，穿越管线过程对管线的保护；③下层导洞开挖过程中，局部拱顶为漂石，处理难

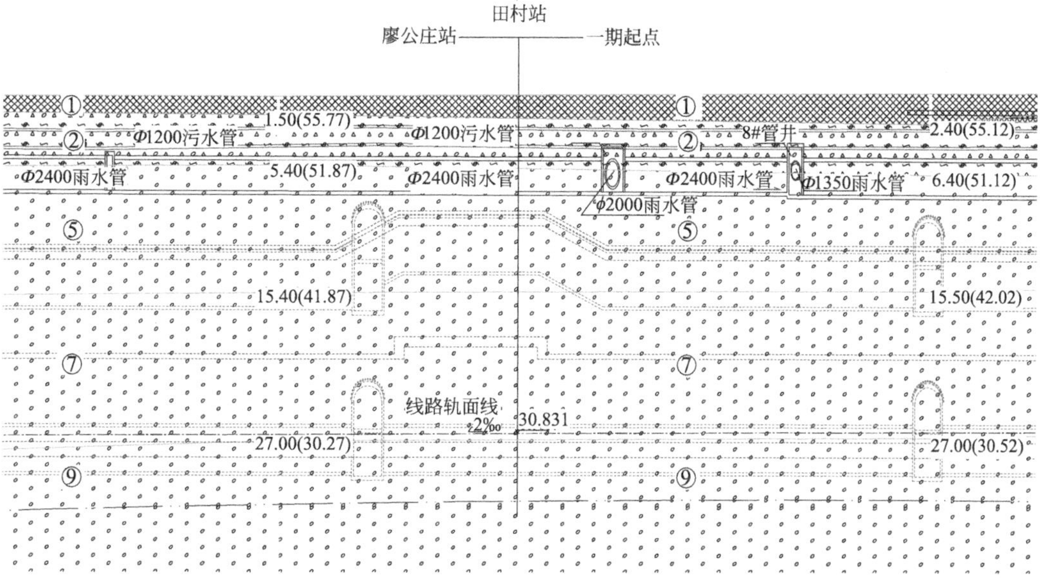

田村站
廖公庄站———————一期起点

①　　　　　　　1.50(55.77)　　　　　　　　　　　①　　　　　2.40(55.12)
②　Φ1200污水管　　　Φ1200污水管　　　　②　8#管井
Φ2400雨水管　　　5.40(51.87)　Φ2400雨水管　Φ2400雨水管　Φ1350雨水管　6.40(51.12)
Φ2000雨水管
⑤　　　　　　　　　　　　　　　⑤
15.40(41.87)　　　　　　　　　　　　15.50(42.02)
⑦　　　　　　　　　　　　　　⑦
线路轨面线　30.831
-2‰
27.00(30.27)　　　　　　　　　　27.00(30.52)
⑨　　　　　　　　　　⑨

图 2-19　田村站地质剖面图

度大。

　　针对风险点①，施工过程中，常规加固措施为小导管注浆加固。现场实施过程中，由于卵石较多，分布错综复杂，使得小导管很难打入。或是打设小导管过程中，对地层产生扰动，使得地层出现超挖情况。车站施工过程卵石地层打设小导管情况如图 2-20 所示。

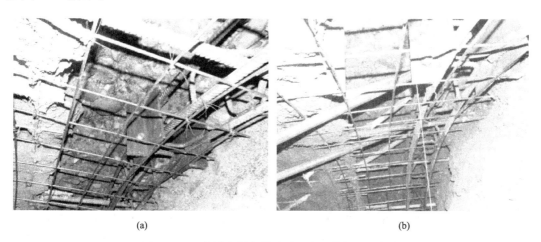

(a)　　　　　　　　　　　　　　　(b)

图 2-20　田村站车站主体小导洞小导管打设现场图
（a）拱顶卵石地层；（b）小导管打设

　　基于上述原因，使得卵石地层开挖隧道过程中，拱顶及侧墙部位容易出现不同程度的拱顶超挖及坍塌现象。为减少施工过程对地层的扰动，减少卵石地层超挖、甚至坍塌情况的出现，施工过程中，对不宜进行小导管注浆部位改为深孔注浆方式进行地层加固，并通过注浆试验的方式确定注浆压力、单孔注浆量。合理的注浆加固长度及注浆范围等参数，有效改善了地层易超挖及易坍塌的情况。

　　针对风险点②，车站施工过程中，拱顶主要为砂卵石地层，距离既有雨水、污水、燃气、上水等市政管线距离较近，且雨水、污水管直径均较大。为有效保证车站施工过程既有管线的安全，减少市政管线发生破坏后带来的次生灾害，车站施工过程中，针对市政管线采取了开挖小导洞范围内深孔注浆的加固措施。车站主体与市政管线位置关系剖面图如图 2-21 所示。

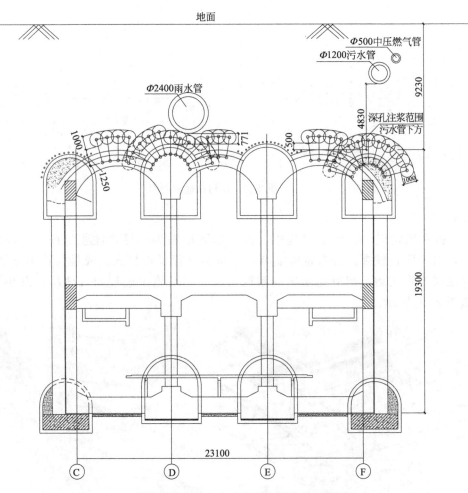

图 2-21　田村站车站主体与市政管线位置关系剖面图

　　通过采取深孔注浆加固方式，使得开挖面砂卵石地层得到有效加固，减少了开挖过程对地层的扰动，控制了地层及既有市政管线的变形，保证了管线的正常使用，有效控制了施工风险。田村站管线下方导洞开挖面可见浆脉如图 2-22 所示。

　　针对风险点③，开挖过程下层小导洞由于埋深较大，开挖过程开挖面会有偶遇大粒径漂石的情况，漂石的处理无形中增加了车站施工过程的安全风险隐患。田村站下层小导洞开挖过程遇大粒径漂石如图 2-23 所示。

　　在对漂石的处理过程中，若漂石大部分在开挖范围内，可人工将漂石缓慢挖出，并立即挂钢筋网喷射混凝土封闭开挖面，待地层稳定后再行向前开挖。若漂石部位侵入二衬界限，可采用风镐沿开挖轮廓线逐渐破除漂石，漂石破除以不扰动土体为原则。漂石破除完成后，立即挂钢筋网并喷射混凝土封闭开挖面。若漂石未侵入二衬限界，同时不影响后续初支格栅施工，可将漂石跳过，采取不扰动漂石的方式，跨越漂石进行后续初支格栅架设及连接筋施工，并及时挂网封闭初支作业面，保证地层的稳定。通过采取上述措施，田村站小导洞施工过程中，有效规避了各类漂石问题带来的风险隐患，保证了车站的正常施工。

图 2-22　田村站管线下方导洞开挖面可见浆脉　　图 2-23　田村站下层小导洞开挖过程遇大粒径漂石

3. 监测情况与分析

田村站车站主体结构共布设监测点 206 个，其中地下管线沉降测点 100 个，道路及地表沉降测点 106 个。通过对监测点变形规律进行统计分析，暗挖车站主体上方沉降点一般累计沉降 $-63.43 \sim 24.34$mm，平均累计沉降值为 -22.19mm，最大累计沉降值为 -63.43mm。田村站变形最大测点沉降时程曲线图如图 2-24 所示。

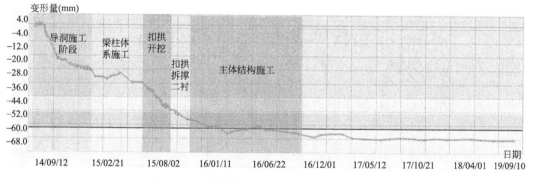

图 2-24　田村站变形最大测点沉降时程曲线图

从图 2-24 可以看出车站上方测点沉降量主要发生在导洞施工、扣拱施工和二衬扣拱拆撑阶段，约占测点总沉降的 85% 以上。

田村站受施工影响的管线类型有 Φ2600 雨水管、Φ600 给水管、Φ1000 污水管和 Φ500 燃气管，共布设 126 个测点，主要管线的平面位置图见图 2-25、剖面位置图见图 2-26。四类管线的沉降数据见图 2-27～图 2-34。各类型管线布设测点个数及沉降平均值见表 2-4。

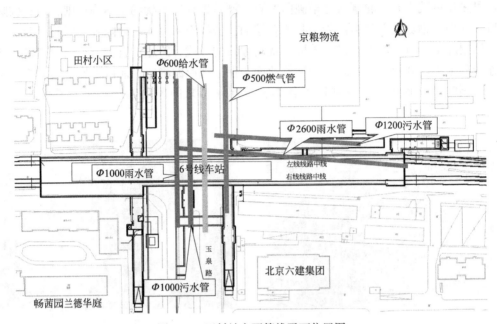

图 2-25　田村站主要管线平面位置图

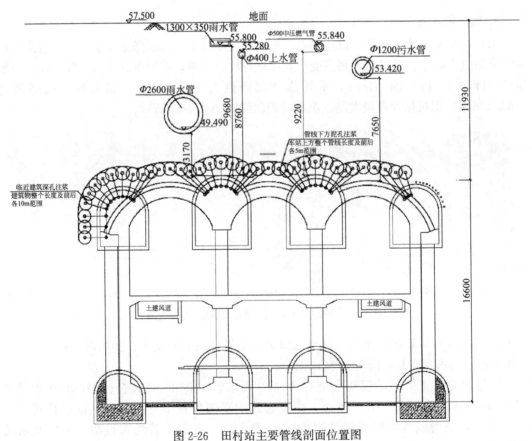

图 2-26　田村站主要管线剖面位置图

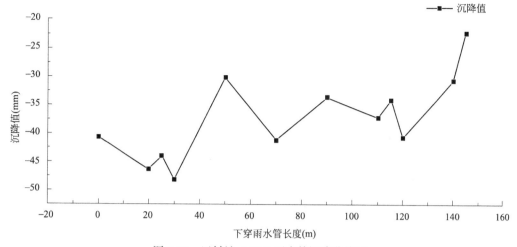

图 2-27　田村站 Φ2600 雨水管沉降曲线图

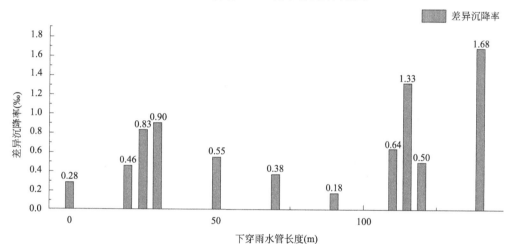

图 2-28　田村站 Φ2600 雨水管差异沉降率图

各类型管线布设测点个数及沉降平均值统计表　　　　　　表 2-4

管线类型	测点个数(个)	沉降平均值(mm)
电力管线	3	−0.10
上水管线	9	−24.24
燃气管线	18	−25.96
雨水管线	59	−30.74
污水管线	37	−22.10
合计	126	−26.33

从图 2-27、图 2-28 可知：车站平行下穿的 Φ2600 雨水管累计沉降均超出控制值（−20～10mm，2‰）。沉降最大值为−48.15mm，位于 2 号施工竖井横通道东侧雨水管线上方。分析其沉降时间历程曲线可知该测点沉降较大的施工工序为横通道施工、导洞与扣拱施工，施工过程对测点处土体影响较大，因此表现出较大沉降值。Φ2600 雨水管线上方测点全部为橙色预警状态，各测点倾斜均未超控制值。Φ2600 雨水管沉降较均匀，车站暗挖施工对

雨水管有一定影响,施工后雨水管处于风险可控状态。

由图2-29、图2-30可知:车站主体垂直下穿的 $\Phi600$ 给水管累计沉降大部分超过控制值(-10~10mm),部分测点倾斜超过控制值($\pm2‰$),其中最大沉降值为-38.15mm。分析其沉降时程曲线可知,测点沉降较大的施工工序为导洞、扣拱施工阶段。车站主体结构暗挖施工对给水管线造成一定影响,结合现场巡查分析可知,车站施工完毕后给水管线处于风险可控状态。

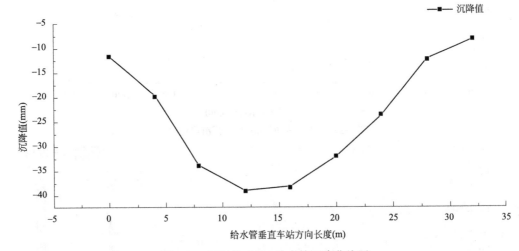

图 2-29 田村站 $\Phi600$ 给水管沉降曲线图

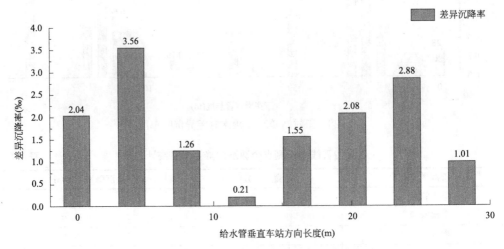

图 2-30 田村站 $\Phi600$ 给水管差异沉降率图

由图2-31、图2-32可知:车站主体上方平行下穿的 $\Phi1000$ 污水管累计沉降共计6个测点超过控制值(-20~10mm),最大沉降值为-37.13mm。分析该测点沉降时间历程曲线可知,其于导洞施工阶段、扣拱施工阶段沉降曲线表现出明显下降趋势,扣拱施工完毕后沉降值为-34.23mm,因此应针对导洞与扣拱施工阶段进行严格的超前支护,以确保地表沉降在控制范围之内。部分测点间倾斜超出控制值($\pm2‰$),说明 $\Phi1000$ 污水管沉降差异较大,车站主体暗挖施工对污水管线造成一定影响,结合现场巡视情况分析,暗挖施工完毕后污水管线处于风险可控状态。

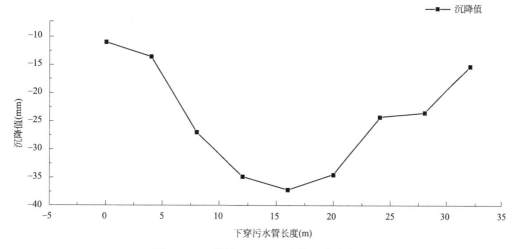

图 2-31　田村站 Φ1000 污水管沉降曲线图

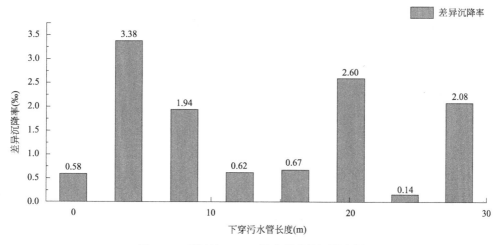

图 2-32　田村站 Φ1000 污水管差异沉降率图

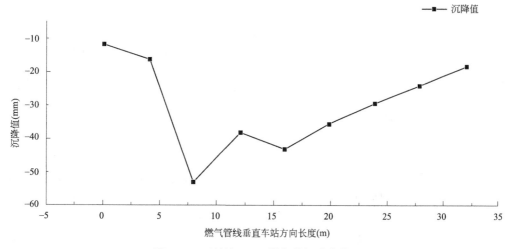

图 2-33　田村站 Φ500 燃气管沉降曲线图

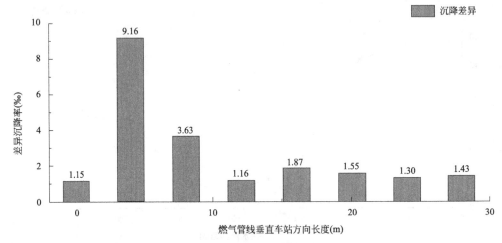

图 2-34 田村站 Φ500 燃气管差异沉降率图

由图 2-33、图 2-34 可知：车站主体垂直下穿的 Φ500 燃气管累计沉降全部测点均超过控制值（$-10\sim10$mm），其中沉降值最大测点为 GCRQ-02-03，沉降值为 -52.89mm。分析该测点沉降时间历程曲线可知，其导洞与扣拱施工阶段对地表沉降影响较大，共计二组测点倾斜超控制值（±2‰），说明 Φ500 燃气管沉降存在一定差异变形，结合现场巡视情况，车站施工完成后，燃气管道整体情况风险可控。

通过对监测数据的深入分析，同时结合现场在施工过程中连续的对结构自身及周边环境的巡视，综合分析可判断，田村站施工期间，车站主体结构及周边环境基本处于风险可控状态，整体风险管控效果较好。

2.1.2.2 廖公庄站风险控制技术

1. 工程概况

北京地铁 6 号线西延线廖公庄站位于巨山路下穿田村路下拉槽内，沿东西方向设置。车站东北象限为北京锦绣大地农业观光园区，东南象限为锦绣大地物流港，西南象限为碧桐园小区，西北象限为巨山路立交雨水泵站。

车站为暗挖双层三跨结构，岛式站台宽 14m，车站总长 237.6m，结构覆土约 5.66~12.99m，车站有效站台中心处底板埋深约 22.46m。车站共设置 4 个出入口通道及 2 组 4 个风亭。1、2 号出入口位于车站北侧，3、4 号出入口位于车站南侧。1 号风亭位于西北象限的绿地内，2 号风亭位于东南象限的绿地内。1、2、3、4 号出入口均为明暗挖结合施工，风井采用倒挂井壁法施工，风道为暗挖交叉中隔壁法施工。廖公庄站平面图如图 2-35 所示。

廖公庄站所在位置地面以下 58m 深度范围内地层可分为人工堆积层、新近沉积层、一般第四纪沉积层。人工堆积层主要由粉质黏土素填土①层，杂填土①$_1$ 层（以砖块、混凝土、灰渣等建筑垃圾为主，局部含木材、衣物等生活垃圾），卵石素填土①$_3$ 层组成。新近沉积层主要由细砂②$_3$ 层，卵石②$_5$ 层组成。第四纪沉积层主要由卵石⑤层，卵石⑦层，粗砂⑦$_1$ 层，卵石⑨层，粗砂⑨$_1$ 层，卵石⑪层，粗砂⑪$_1$ 层组成。场地范围内地下水位位于结构底板以下，车站施工不受地下水影响。廖公庄站地质剖面图如图 2-36 所示。

2. 车站施工过程主要风险点及处理措施

廖公庄站施工过程中，其主要风险点与田村站相似，为砂卵石地层超挖，管线、桥梁等

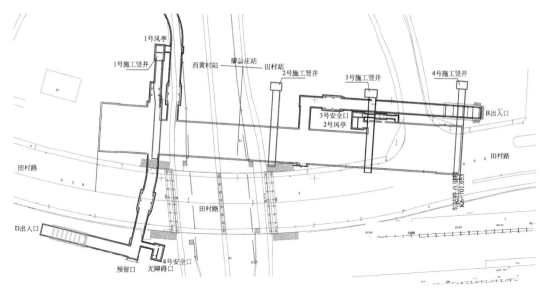

图 2-35 廖公庄站平面图

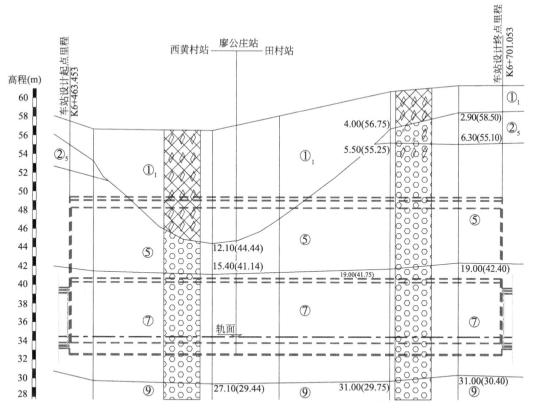

图 2-36 廖公庄站地质剖面图

风险源的保护、漂石的处理等。但其也存在明显的不同之处，即廖公庄站开挖范围内存在大范围杂填土层，杂填土层中以建筑垃圾为主。如何在车站施工过程中处理大范围的建筑垃圾成为本车站施工一大风险点，也给本车站的施工过程带来了极大的风险隐患。

针对该杂填土层情况，施工过程中，由于杂填土层埋深较浅，车站拱顶覆土厚度也满足地面注浆的条件，遂采取从地面向下深孔注浆的方式对杂填土层进行加固，杂填土层分布及地面注浆照片如图 2-37 及图 2-38 所示。

图 2-37　廖公庄站开挖范围内拱顶杂填土
（建筑垃圾）分布情况

图 2-38　廖公庄站杂填土范围地面深孔注浆

通过地面深孔注浆加固后，廖公庄站横通道及车站主体小导洞施工期间，开挖面浆脉充填密实，实现了拱顶预期的加固效果，保证了地层的稳定。开挖过程中，在对局部体积较大的建筑垃圾进行处理时，开挖面及拱顶均保持了较好的稳定性。可见通过地面注浆的加固方式较好解决了现场施工过程的安全风险隐患。杂填土层加固后洞内浆脉如图 2-39 所示。

3. 监测情况与分析

廖公庄站主体结构共布设监测点 216 个，其中地下管线沉降测点 33 个，道路及地表沉降测点 183 个。暗挖车站主体上方沉降点一般累计沉降为 −97.24～53.95mm，平均累计沉降值

图 2-39　杂填土层加固后洞内浆脉

为 −27.29mm，最大累计沉降值为 −97.24mm，位于车站 3 号竖井周边，廖公庄站上方典型测点沉降时程曲线如图 2-40 所示。

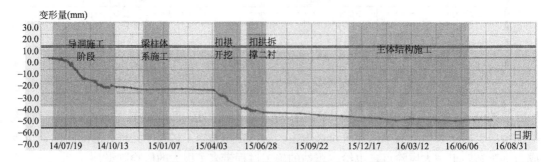

图 2-40　廖公庄站典型测点沉降时程曲线图

从图 2-40 可以看出车站上方测点沉降主要发生在导洞施工、初支扣拱施工和二衬扣拱拆撑阶段，约占测点总沉降量的 80% 以上。

廖公庄站受车站主体及附属工程施工影响的管线类型有 Φ400 上水管、Φ400 燃气管、Φ2200 雨水管、Φ1400 污水管，共布设 96 个测点，各类型管线布设测点个数及沉降平均值见表 2-5。

各类型管线布设测点个数及沉降平均值统计表　　　　　　　　　　表 2-5

管线类型	测点个数(个)	沉降平均值(mm)
上水管线沉降	25	−8.46
燃气管线沉降	35	−17.08
雨水管线沉降	25	−10.07
污水管线沉降	11	−13.26
合计	96	−12.57

廖公庄站车站上方主要管线为 Φ400 给水管和 Φ400 燃气管。附属结构上方主要管线为 Φ2200 雨水管和 Φ1400 污水管，管线分布平面图如图 2-41 所示。各类管线的沉降曲线图及差异沉降率如图 2-42～图 2-49 所示。

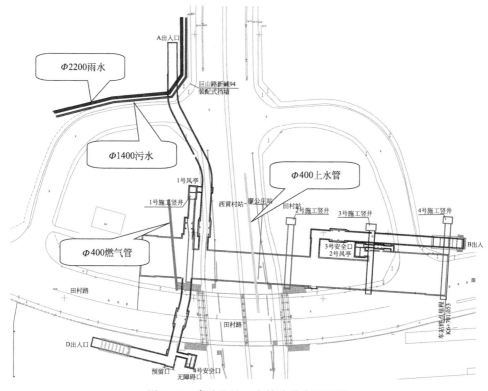

图 2-41　廖公庄站上方管线分布平面图

从图 2-42、图 2-43 可知：车站 A 出入口暗挖段下穿的 Φ2200 雨水管累计沉降及斜率均未超控制值（−20～10mm，±2‰）。各测点倾斜均未超控制值，Φ2200 雨水管沉降整体较均匀，A 出入口暗挖施工对雨水管有一定影响，结合现场巡视情况分析，施工后雨水管处于风险可控状态。

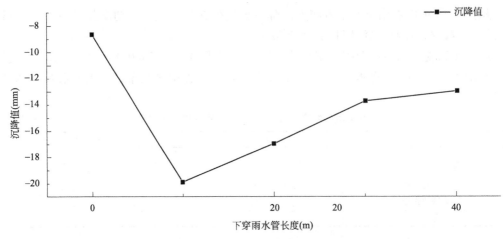

图 2-42　廖公庄站 Φ2200 雨水管沉降曲线图

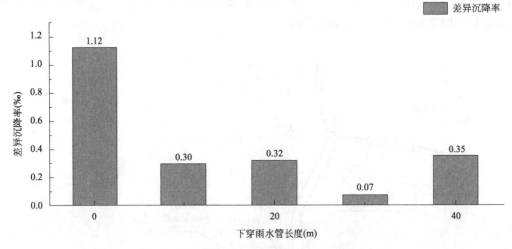

图 2-43　廖公庄站 Φ2200 雨水管差异沉降率图

由图 2-44、图 2-45 可知：车站主体垂直下穿的 Φ400 给水管累计沉降无测点超过控制值（−10～10mm），各测点倾斜均未超控制值，Φ400 给水管沉降整体较均匀。车站主体结构暗挖施工对给水管线影响不大，车站施工完毕后及水管线处于风险可控状态。

由图 2-46、图 2-47 可知：车站附属 A 出入口垂直下穿的 Φ1400 污水管累计沉降共计一个测点超过控制值（−20～10mm），最大沉降值为 −20.76mm。通过对该测点进行沉降分析，污水管线各测点倾斜均未超控制值，Φ1400 污水管沉降较均匀，车站附属 A 出入口施工完成后，结合现场巡视情况分析污水管线处于风险可控状态。

由图 2-48、图 2-49 可知：车站主体垂直下穿的 Φ400 燃气管累计沉降全部测点均超过控制值（−10～10mm），其中沉降值最大测点沉降值为 −46.5mm。分析该测点沉降时间历程曲线可知，在导洞与扣拱施工阶段对应的沉降较大，燃气管线共计四组测点倾斜超控制值（±2‰），Φ400 燃气管存在一定差异沉降变形，施工完成后，燃气管线测点变形趋于平稳。结合现场巡视情况综合分析，车站施工完成后，燃气管线整体处于风险可控状态。

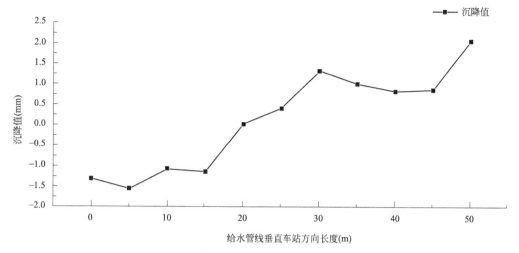

图 2-44　廖公庄站 Φ400 给水管沉降曲线图

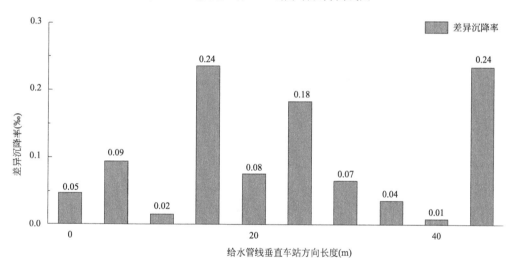

图 2-45　廖公庄站 Φ400 给水管差异沉降率图

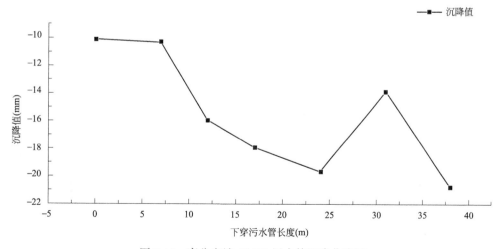

图 2-46　廖公庄站 Φ1400 污水管沉降曲线图

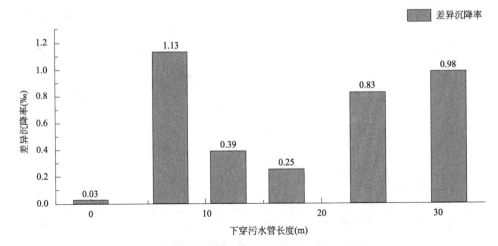

图 2-47　廖公庄站 Φ1400 污水管差异沉降率图

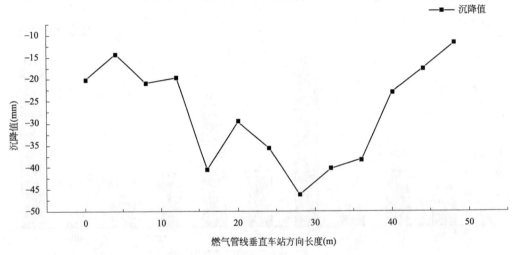

图 2-48　廖公庄站 Φ400 燃气管沉降曲线图

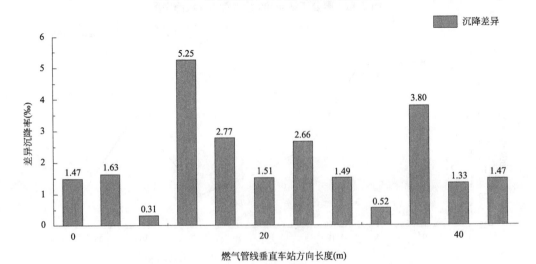

图 2-49　廖公庄站 Φ400 燃气管差异沉降率图

通过对监测数据的深入分析，同时结合施工过程中对廖公庄站自身结构及周边环境连续的巡视，综合分析可判断，廖公庄站施工期间，车站主体结构及周边环境基本处于风险可控状态，通过地面注浆方式较好地处理了大范围杂填土层暗挖车站施工的问题，廖公庄站车站施工过程整体风险管控效果较好。

2.2　明（盖）挖法车站施工风险控制技术

北京地铁 6 号线西延工程采用明（盖）挖法车站一座，为金安桥站。金安桥站为 6 号线西延工程最西侧的一个车站，与北京首条磁悬浮线 S1 线金安桥站及远期 11 号线金安桥站换乘。场地较为开阔，采用明挖法及盖挖法结合的方式施工。

1. 工程概况

北京地铁 6 号线西延工程金安桥站标准段为双层双柱三跨箱形结构，主体总长 342m。标准段结构总宽 24.3m，总高 14.3m，顶板覆土厚 1.6～3.15m。受北辛安路及 S1 线施工影响，车站西部 267m 范围内采用盖挖逆作法施工，为北辛安路及 S1 线留出通车条件；根据全线施工统筹安排，车站东部 75m 范围内设轨排井铺轨基地，采用明挖法施工。除车站盖挖逆作段外，主体基坑其余部分均采用桩锚支护体系，车站两端接矿山法区间。车站附属结构设置共设 3 个地面出入口，2 个风道，2 个疏散口及 1 个垂直电梯口。金安桥站工程平面图如图 2-50 所示。

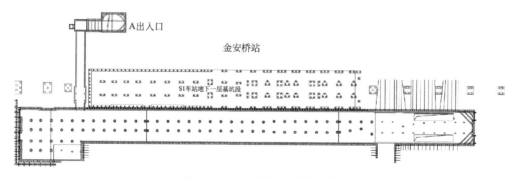

图 2-50　金安桥站工程平面图

根据前期钻探资料及室内土工试验结果，金安桥站地质情况按地层沉积年代、成因类型，可将本工程场地勘探范围内的土层划分为人工填土层、新近沉积层及第四纪晚更新世冲洪积层三大层。人工填土层主要由人工填土层、粉质黏土填土①层、杂填土①₁ 层构成。新近沉积层主要由粉质黏土②层，粉质黏土②₁ 层，卵石②₅ 层构成。第四纪晚更新世冲洪积层主要由卵石⑤层，卵石⑦层，粉质黏土⑧层，黏质粉土⑧₂ 层，卵石⑨层，中粗砂⑨₁ 层，黏质粉土⑨₃ 层，粉质黏土⑨₄ 层，卵石⑪层，中粗砂⑪₁ 层，含粉质黏土卵石⑪₂ 层等组成。开挖范围不涉及地下水影响，明盖挖车站施工不受地下水影响。金安桥站工程地质剖面图如图 2-51 所示。

2. 车站施工过程主要风险点及处理措施

金安桥站采用明挖及盖挖结合方式施工。盖挖工程施工期间因工艺特点，其施工风险较小。明挖施工过程中，其主要风险点为支护结构施做的质量，及时性，基坑阳角等部位。

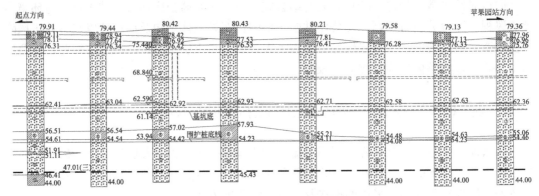

起点方向 →　　　　　　　　　　　　　　　　　　　　　　　　　　　　　　　　苹果园站方向 →

图 2-51　金安桥站工程地质剖面图

金安桥站明挖段长 75m，在该部位主要采用桩锚支护形式，端头角部采用斜撑进行支护。由于在基坑南侧需预留出土通道，在出土通道部位形成了围护结构的阳角，为了保证基坑阳角部位稳定，现场施工过程中，在阳角部位利用基坑围护桩及出土通道部位布置腰梁及锚索的支护形式，同时加强现场阳角部位的监测及巡视。基坑施工期间，阳角部位未出现明显变形，整体趋势风险可控。阳角部位现场情况如图 2-52 所示。

图 2-52　金安桥站基坑出土通道部位围护结构阳角图

3. 监测情况与分析

金安桥站主体结构共布设监测点 65 个，其中地下管线沉降测点 7 个，道路及地表沉降测点 31 个，桩顶水平位移测点 3 个，桩体变形测点 2 个，钢支撑轴力测点 5 个，锚索拉力测点 17 个。明挖车站主体周边沉降点一般累计沉降 $-15\sim-5$mm，平均累计沉降值为 -3.01mm，最大累计沉降值为 -21.77mm，位于车站东段明挖基坑北侧部位。

金安桥站变形较大部位均发生于明挖基坑区域，盖挖段部位各类变形值均相对较小，地表及管线测点沉降值的 80% 发生于基坑开挖阶段，可见加强开挖期间支护结构及开挖质量的管控是明挖基坑的变形控制关键。金安桥站施工过程中，结合过程中的巡视资料，整体情况较为平稳，处于风险可控状态。

2.3 仰挖法附属工程施工风险控制技术

地铁的附属工程一般是指地铁的出入口、换乘通道及风井风道等。根据车站埋深及场地周边环境的不同，采用明挖法、暗挖法或明暗结合的方式进行施工。对于北京地铁 6 号线西延工程而言，受施工场地周边环境的影响，地铁附属工程一般采用明挖法或明暗结合的方式进行施工。在附属出入口施工过程中，因其要从车站站厅层施工爬升至地面，每个出入口均需设置爬坡段。爬坡段一般利用明挖段设置，当受场地条件或管线改移制约不允许明挖，需暗挖施工时，便会涉及仰挖与俯挖施工选择的问题。对于地铁工程而言，优先选择俯挖法施工，但受现场条件和工期限制，一些工程不得已选择仰挖施工。仰挖施工因其开挖方式不利于地层稳定、施工及运输困难、洞内作业环境及作业条件差等特点而易引发安全事故，因此现场施工过程中对于仰挖工程尤为重视。

通过对北京地铁 6 号线西延工程各个车站附属结构进行分析，采用仰挖施工的附属结构有 2 处，分别为田村站 A 出入口和苹果园南路站 A 出入口，其基本情况汇总如表 2-6 所示。本节将结合这两处仰挖出入口进行砂卵石地层仰挖施工的风险控制技术论述。

北京地铁 6 号线西延工程附属仰挖工程概况汇总表　　　　　　表 2-6

工点	部位	地层	注浆方式	挑高高度	水平长度	挑高角度	注浆厚度	挑高顶埋深
田村站	A 出入口	砂卵石地层	上半断面	10.4m	22.11m	27°	1.5m	4.75m
苹果园南路站	A 出入口	砂卵石地层	上半断面	6.56m	11.36m	30°	1.5m	3.87m

2.3.1 田村站 A 出入口仰挖风险控制技术

1. 工程概况

田村站位于田村路和玉泉路、旱河路交叉口，沿田村路方向"一"字形布置。附属结构 A 出入口设置在旱河路和田村路交口的西北象限，平行旱河路布置，现状为田村小区，小区内多为 5 层住宅楼。出入口通道采用暗挖法施工，其中 1 号施工竖井至车站方向为扩挖段，1 号施工竖井向地面方向为仰挖段。

A 出入口暗挖通道开挖断面（宽×高）为 8.3m×9.85m、8.3m×9.77m、7.6m×6.97m、10.25m×7.97m、7.7m×8.05m，结构覆土 4.7～14.9m。设计通道采用交叉中隔壁法施工，将通道按高度分成三层（二层）、宽度分成两块进行开挖，并采用 DN25 水煤气管超前预注浆或深孔注浆加固措施。

田村站 A 出入口结构所处地层有杂填土①₁ 层、卵石②₅ 层、卵石⑤层、卵石⑦层、粗砂⑦₁ 层等，主要穿越卵石⑤和⑦层，施工不受地下水影响，如图 2-53 所示。

2. 仰挖施工过程主要风险点及处理措施

田村站 A 出入口仰挖施工期间，结合仰挖施工的特点及砂卵石地层较松散的特性，除具备常规仰挖工程中人员及初支格栅材料进出困难、洞内通风不畅、作业环境差的问题外，其拱顶易超挖甚至坍塌的风险点进一步增大。因此在砂卵石地层中进行仰挖施工时，

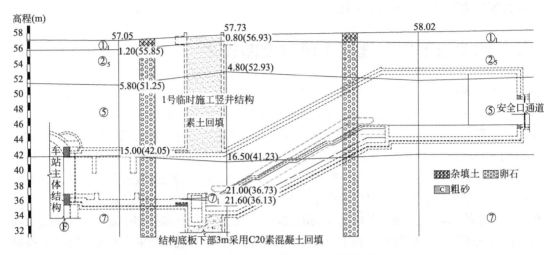

图 2-53　田村站 A 出入口地质纵剖面图

应加大对拱顶地层稳定性的关注。

针对上述风险点，在施工过程中，结合田村站 A 出入口仰挖段的结构断面，采取深孔注浆的加固形式，其加固区域平（剖）面图如图 2-54、图 2-55 所示。

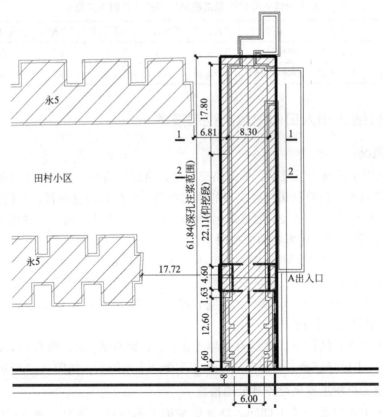

图 2-54　田村站 A 出入口仰挖段注浆范围平面图

A 出入口仰挖部位邻近既有 5 层建（构）筑物，同时结合仰挖施工风险大的特点，在

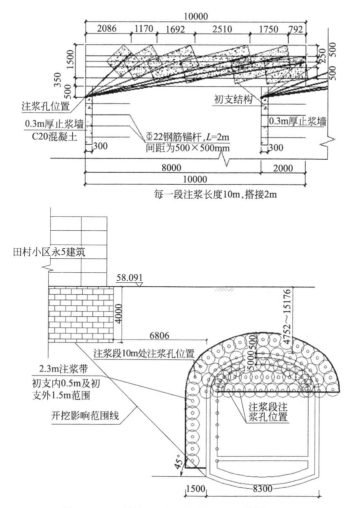

图 2-55 田村站 A 出入口仰挖段注浆剖面图

施工期间仰挖部位拱顶及邻近既有建筑物一侧进行深孔注浆,深孔注浆作业的施工参数如下:

(1) 对于整个注浆平面范围,其注浆范围覆盖整个仰挖段。对于仰挖断面,注浆范围为轮廓外 1.5m,轮廓内 0.5m,仰挖段沿核心土和拱部由上至下布置 3 排共 17、6、9 个孔,其中拱部孔位间距 525mm,核心土部位孔距 640mm。沿侧墙 860mm 均匀布置注浆孔。

(2) 深孔注浆采用单管后退式注浆,根据作业面空间大小,选用 ZLT-350 钻机施工。钻进时采用清水作为循环液,达到设计深度或位置时,封闭端头,利用注浆泵将混合浆液注入地层中。

(3) 在注浆孔钻孔之前,先在掌子面处施做止浆墙,在掌子面前方打设 2m 长 $\Phi22$ 钢筋锚杆,间距 500mm×500mm,止浆墙厚 300mm,采用 C20 喷射混凝土,布置双层钢筋网 $\Phi6@150×150mm$,喷混凝土工艺同初支喷混凝土。

(4) 注浆浆液为水泥+水玻璃双液浆,当浆液充满孔道空隙,观察孔眼端头有无冒浆现象。当无冒浆现象时，继续注浆作业；当现场出现冒浆，需停止试注，采用化学浆进行补注，待孔眼端头凝固后再继续正常注浆作业。

（5）注浆时向注入浆液施加压力，可以实现水平渗透效果。每个注浆孔成孔后，后退钻杆分段注浆，当注浆达到终压值 0.8～1MPa 时，回抽钻杆进行新一轮注浆，回抽钻杆长度 1m。每后退 2m 拆卸 1 根钻杆，直至注浆完成。

田村站 A 出入口仰挖段注浆过程及注浆效果如图 2-56、图 2-57 所示。

图 2-56　田村站 A 出入口仰挖段深孔注浆施工

图 2-57　田村站 A 出入口仰挖段开挖面注浆浆脉

3. 监测情况与分析

A 出入口仰挖段共布置测点 11 个，由于采取深孔注浆施工，部分测点受注浆影响处于隆起状态。仰挖施工完成后，从图 2-58 可知，上方测点竖向变形位于 −10～24mm，沉降最大值为 −9.62mm，位于 A 出入口仰挖段起始段。分析其沉降时程曲线可知为土体开挖对测点处土体造成扰动引起地表沉降。隆起最大值为 24.34mm，为测点 DB-01-09。分析该点沉降时程曲线可知，该测点隆起是由于开挖前地层超前支护注浆所致。A 出入口仰挖段施工期间，各测点斜率变形平稳，均未超过控制值。

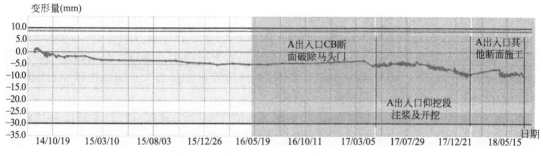

图 2-58　田村站 A 出入口仰挖段上方典型测点沉降时程曲线

A 出入口仰挖段交叉中隔壁法隧道上方监测点在仰挖段施工期间沉降约 5mm。由于施工过程前采取深孔注浆，施工阶段沉降速率较小，在施工通过后一个月基本恢复稳定，最终沉降值约为 $-9.62mm$。该监测点沉降主要发生在竖井开挖、仰挖段马头门破除阶段及施工阶段，约占总沉降量 80% 以上，后期变形较小。田村站 A 出入口仰挖段施工，结合过程中的巡视资料，开挖面整体情况较为平稳，该仰挖段施工处于风险可控状态。

2.3.2　苹果园南路站 A 出入口仰挖风险控制技术

1. 工程概况

苹果园南路站为岛式站台，车站总长为 259.65m，有效站台宽度 14m。车站拱顶覆土厚度约为 6.885～7.685m，结构断面净宽 23.0m，底板埋深约 23～24m。本车站共设置 3 个出入口、4 座风井（排风和新风井分开）及风道、1 个安全出口（与 2 号风井合建）及 1 个无障碍通道（与 1 号出入口合建）。其中 A 出入口爬坡段为仰挖施工。

A 出入口设置在苹果园南路与苹果园大街交叉路口的东北角，位于拟建苹果园南路商业办公楼项目地块内，与该项目一体化建设。出入口通道采用明暗挖结合的施工方法，暗挖地下通道为拱顶直墙段及爬坡段。最大开挖跨度 9.70m，高 6.77m，采用交叉中隔壁工法分 4 部施工。

苹果园南路站 A 出入口结构所处地层有杂填土①$_1$ 层、砂质粉土②层、卵石⑤层、卵石⑦层、卵石⑨层等，主要穿越卵石⑤和⑦层，施工不受地下水影响，如图 2-59 所示。

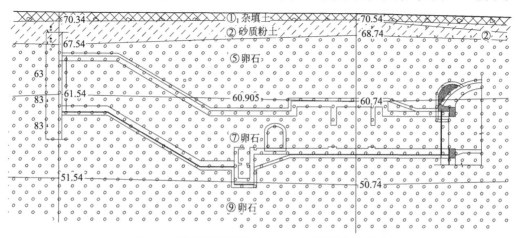

图 2-59　苹果园南路站 A 出入口工程地质剖面图

2. 仰挖施工过程主要风险点及处理措施

苹果园南路站 A 出入口仰挖施工期间，结合仰挖施工的特点及砂卵石地层较松散的特性，除具备常规仰挖工程所具备的人员及初支格栅等材料上下困难，洞内通风不畅，作业环境差的风险点外，其拱顶易超挖甚至坍塌的风险点进一步增大。因此在砂卵石地层中进行仰挖施工时，应加大对拱顶地层稳定性的关注。

结合上述风险点，在苹果园南路站 A 出入口施工期间，对开挖面轮廓范围外进行深孔注浆施工，其加固措施平面图及剖面图如图 2-60、图 2-61 所示。

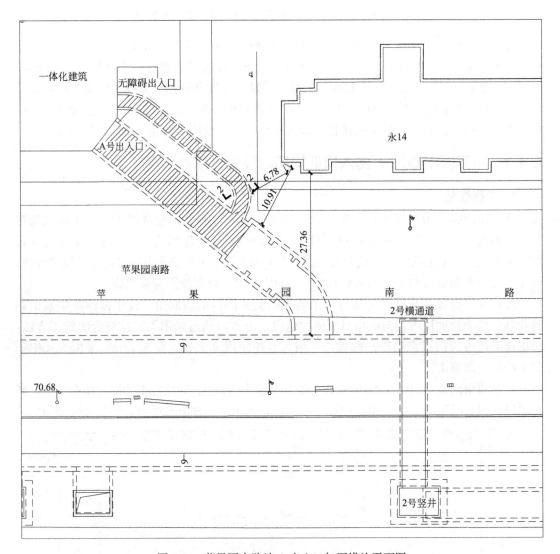

图 2-60　苹果园南路站 A 出入口加固措施平面图

苹果园南路站 A 出入口施工期间，仰挖段主要采取深孔注浆方式进行施工，注浆范围涵盖整个轮廓结构外侧 1.5m 及轮廓内上半断面，其详细参数如下：

（1）深孔注浆范围为初支内 0.5m 至初支外 1.5m，注浆压力控制在 0.8～1.0MPa，扩散半径 0.5m，注浆浆液为水泥—水玻璃浆，深孔注浆施工每循环长度 12m，搭接 2m。

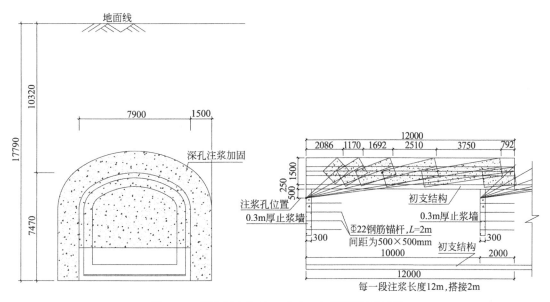

图 2-61 苹果园南路站 A 出入口加固措施剖面图

风险源段格栅钢架 400mm 间距密排；深孔注浆前需要在上台阶核心土范围外的掌子面设置止浆墙，厚度为 300mm，采用 C20 喷射混凝土，并设双层 $\Phi6@150\times150$mm 钢筋网，对于第一道止浆墙需另采用型钢支撑保证稳定。

（2）加固后的土体应有良好的均匀性和自立性，掌子面不得有明显的渗水，加固后土体无侧限抗压强度 $0.8\sim1.0$MPa。渗透系数 $<1\times10^{-7}$cm/s；在注浆效果不好的范围应补打超前导管。效果检测要求如下：采用加固观察法，注浆量达到后，土体空隙填充饱满，无明显水囊，无明显空腔，竖直表面能够自稳。

（3）注浆结束后，必须对注浆效果进行检测，方法参考《岩土工程勘察规范 [2009 年版]》GB 50021—2001 中的原位测试法。并对注浆薄弱部位重新补充注浆。

（4）初期支护施工完毕后应及时对其背后多次进行回填注浆，以减少地面沉降量。注浆压力控制在 $0.2\sim0.5$MPa，严格控制注浆压力和注浆量，保证注浆效果。

苹果园南路站 A 出入口施工期间，注浆过程及注浆效果如图 2-62、图 2-63 所示。

图 2-62 苹果园南路站 A 出入口仰挖段深孔注浆图

图 2-63　苹果园南路站 A 出入口仰挖段开挖面注浆浆脉

3. 监测情况与分析

苹果园南路站 A 出入口仰挖段共布设监测点 7 个，测点沉降值位于 $-19\sim-4$mm 之间，沉降最大值为 -18.34mm，位于 A 出入口仰挖段起点部位上方，其沉降时程曲线如图 2-64 所示。分析其沉降时程曲线可知 A 出入口"交叉中隔壁"法隧道仰挖各导洞通过后沉降较大。同时由于仰挖施工速度较慢，施工对土体持续扰动引起地表沉降不断发展，在导洞通过后约 1 个月左右沉降基本稳定。该测点沉降主要发生在隧道开挖阶段，邻近无障碍通道施工对其也存在一定影响。导洞通过后，变形趋于稳定。

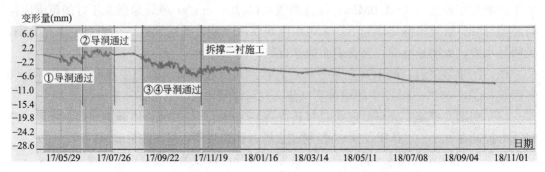

图 2-64　苹果园南路站 A 出入口仰挖段上方测点变形时程曲线图

结合苹果园南路站 A 出入口仰挖段巡视情况综合分析，苹果园南路站 A 出入口仰挖段施工较为规范，上方地表沉降较小，整体情况风险可控。

第3章

砂卵石地层地铁区间施工风险控制技术

北京地铁 6 号线西延工程区间施工过程中，除起点—金安桥站涉及部分明挖施工外，其余区间工程均为矿山法施工。矿山法施工过程中主要涉及马蹄形断面、交叉中隔壁法断面、双侧壁导坑法断面等，各工点结构形式如表 3-1 所示。本章将主要结合砂卵石地层不同断面形式区间隧道施工风险控制技术进行论述。

北京地铁 6 号线西延工程区间信息一览表（m）   表 3-1

区间名称	区间位置	区间长度	区间断面形式	顶板覆土厚度	区间工程地质情况	区间水文地质情况
田村站——一期起点区间	沿田村站自西向东敷设	1664.76	马蹄形断面+交叉中隔壁断面	16.0～19.0	卵石⑦层	无地下水影响
廖公庄站—田村站区间	沿田村站自西向东敷设	2011.60	马蹄形断面+交叉中隔壁断面+双侧壁导坑法断面	16.0～22.0	卵石⑦层	无地下水影响
西黄村站—廖公庄站区间	沿田村站自西向东敷设，旁穿西黄桥	1599.89	马蹄形断面+交叉中隔壁断面	18.5～27.6	卵石⑦及粉质黏土⑧₂层	局部涉地下水
苹果园南路站—西黄村站区间	沿苹果园南路自西向东敷设	1487.32	马蹄形断面+交叉中隔壁断面	16.0～22.0	卵石⑨层	无地下水影响
苹果园站—苹果园南路站区间	沿苹果园南路自西向东敷设	620.65	马蹄形断面+交叉中隔壁断面	15.2～19.8	卵石⑦及卵石⑨层	无地下水影响
金安桥站—苹果园站区间	沿阜石路及苹果园南路敷设	905.55	马蹄形断面+交叉中隔壁断面+双侧壁导坑断面	11.3～19.0	卵石⑦及卵石⑨层	无地下水影响
起点—金安桥站区间	沿首钢旧址厂区自西向东敷设	464.00	马蹄形断面+交叉中隔壁断面+双侧壁导坑断面+明挖断面	9.3～21.8	卵石⑤及含卵石粉质黏土⑦₃层	局部涉地下水

3.1 马蹄形断面施工风险控制技术

3.1.1 马蹄形断面形式

隧道断面形状主要指单洞衬砌内轮廓线或外轮廓线围成的截面的形状，分别叫隧道的净空断面形状和开挖断面形状。隧道断面形状主要有：圆形、拱形（马蹄形）、矩形。隧道断面形状决定衬砌结构受力状态和断面面积利用率。圆形断面衬砌适应不同围岩压力分布的能力最强，拱形（马蹄形）断面衬砌次之，矩形断面衬砌更次之；矩形断面面积利用率最高，拱形次之，圆形更次之。隧道断面形状也取决于施工方法：圆形断面多用于盾构法，矩形断面主要用于沉埋法和顶进法，拱形断面则用于矿山法、新奥法以及明挖法。

地铁隧道马蹄形断面是由 5 个不同半径的 5 段圆弧构成，其具有受力性能优越的特点，该种断面形式在地铁矿山法区间隧道中得到广泛的应用。北京地铁 6 号线西延工程区间施工采用的马蹄形断面宽 6.2m，高 6.5m，采用复合式衬砌施工，初支厚度 250mm，二衬厚度 300mm，拱顶以小导管注浆加固形式为主，其断面形式如图 3-1 所示，结构设计参数如表 3-2 所示。

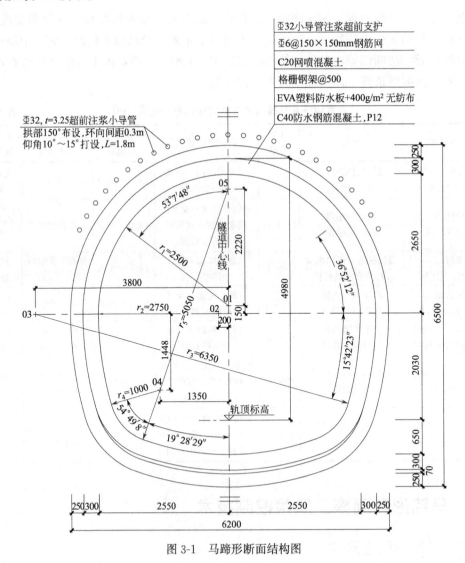

图 3-1　马蹄形断面结构图

标准段结构设计参数表 **表 3-2**

结构形式	项　目		材料及规格	说明
标准段马蹄形断面	初期支护	单排超前小导管	$DN25$ t=3.25，钢焊管 注浆：双液浆	L=1.8m；纵间距：每榀钢格栅； 环间距：0.3m；仰角：18°
		锁脚锚管	$DN25$ t=3.25，钢焊管 注浆：水泥砂浆	L=2m 纵间距：每榀钢架
		钢筋网	Φ6@150×150mm	背土侧铺设，搭接长度 1 个网格
		初支喷射混凝土	C20 网喷混凝土	厚度 0.25m
		连接筋	Φ22	直螺纹连接
		格栅钢架	HPB300/HRB400E 钢筋	纵间距 0.5m
	二衬		C40 防水钢筋混凝土，抗渗等级 P12	厚度 0.3m

3.1.2 马蹄形断面施工方法

马蹄形断面施工时，采用一般台阶法施工，其施工工序如表 3-3 所示。

马蹄形断面施工工序 **表 3-3**

序号	图示	施工工序
1	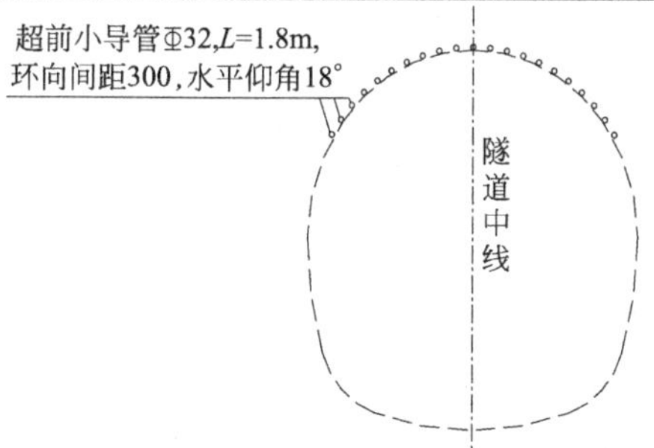超前小导管Φ32,L=1.8m, 环向间距300,水平仰角18° 隧道中线	施工拱部超前小导管预注浆加固地层
2	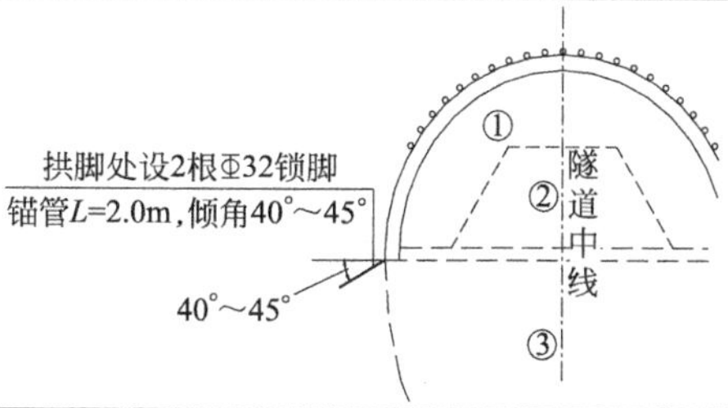拱脚处设2根Φ32锁脚 锚管L=2.0m,倾角40°～45° 40°～45° ① ② ③ 隧道中线	环形开挖拱部土体①，预留核心土②，架立拱部格栅钢架，安装连接筋并挂钢筋网，打 Φ32 锁脚锚管，喷射混凝土，形成初期支护
3	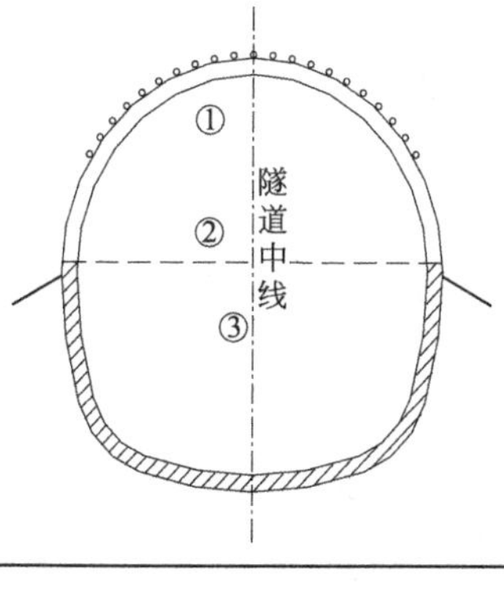① ② ③ 隧道中线	开挖下半断面③部土体，并施做边墙、仰拱，初期支护封闭成环

马蹄形断面施工时，其施工工艺为：施做超前小导管注浆→开挖，进尺一榀格栅间距→架立格栅钢架，挂钢筋网，喷混凝土→上下台阶错开 3～5m（上、下台阶长度可根据施工监测结果进行调整），进行下台阶开挖及支护，初支封闭成环→初期支护背后注浆→下一循环施工→初支完成后进行二次衬砌施工，如图 3-2 所示。

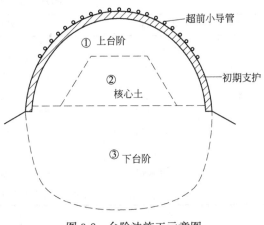

图 3-2　台阶法施工示意图

每一开挖工序形成封闭以后，格栅钢架与围岩之间可能存在空隙，由于开挖而造成土体松动，为了避免造成围岩、地表、管线等沉降，对初期支护背后及时进行回填注浆，充填初支背后空隙，对于控制土体的变形沉降和初支结构由于基础扰动造成整体沉降极为有利，也对局部渗漏水处起止水作用。

在隧道初期支护施工过程中在拱部和侧墙预埋 $\Phi32\times3.25$ 小导管，注浆深度为初支背后 0.5m，环向间距：起拱线以上为 2.0m，边墙为 3.0m；纵向间距为 3.0m，梅花形布置。注浆管采用预埋法，预埋时前端顶到土层上，后端用棉纱封堵并和格栅焊接牢固，方便后续注浆。

初期支护完成后应及时进行初支背后注浆，保证初支背后密实。注浆距开挖工作面 5m 的地方进行。从拱脚开始向拱顶注浆，从无水向有水的注浆孔注浆。注浆过程中，要时刻注意压力、流量的变化，做好注浆记录。

注浆采用 1:1 水泥浆（富水地段注浆浆液选择 1:1 水泥水玻璃双液浆），注浆时严格控制注浆压力在 0.3～0.5MPa，若浆液扩散效果不理想，采取加密回填管的措施进行处理，不得提高注浆压力，防止结构变形。当开挖和回填注浆施工发生矛盾时，回填注浆优先施工。

3.1.3　马蹄形断面施工主要风险点及控制措施

砂卵石地层马蹄形断面隧道施工过程中涉及风险点主要有：马头门施工、下穿管线、下穿建（构）筑物、漂石的处理等。针对上述风险点，施工过程中采取的主要控制措施如下。

1. 马头门施工控制措施

矿山法区间进马头门时，主要涉及横通道破马头门进入区间正线施工。马头门施工时，涉及一次受力转换，暗挖过程受力转换节点为施工的重难点，也是风险控制的关键点。横通道施工进马头门时，主要施工工艺如图 3-3 所示。

区间隧道洞口处横通道侧墙分台阶进行破除洞门。施工时将对洞口分三次破除，图中阴影为每步洞门处横通道侧墙破除范围，如图 3-4 所示。

马头门施工要点：

(1) 进洞前拱顶打设超前小导管，并注双液浆加固前方地层。

(2) 马头门破除后应先观察掌子面土质情况及水文情况，如掌子面不稳定或处于有水

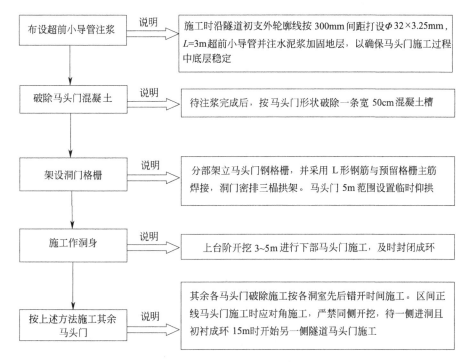

图 3-3　横通道进区间马头门施工工艺流程图

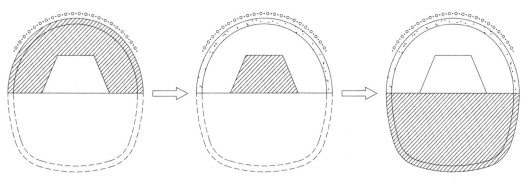

图 3-4　隧道洞门处横通道侧墙初支破除顺序示意图

状态，应立即初喷一层混凝土，采取防坍措施。

（3）马头门位置第一榀格栅必须与横通道格栅用"L"形连接钢筋连接成整体，连接钢筋与横通道侧壁连接钢筋搭接焊接，焊缝长度单面焊 $10d$ ，双面焊 $5d$ 。

（4）正洞进洞前 3 榀格栅密排，正线隧道洞口 5m 范围内宜加设临时仰拱。

（5）马头门喷射混凝土前，必须在洞口区域埋设回填注浆管，待封闭成环后回填注浆，马头门注浆采用水泥浆，注浆压力控制在 0.3～0.5MPa。

（6）由施工通道进正线破马头门施工应对角进行，不可对侧同时进洞，待一侧进洞且初衬成环 15m 时，方可进行对侧马头门施工。

（7）破口过程中加强监测，在此处埋设拱顶下沉、周边收敛点，加强监控量测，根据监测情况及时调整支护参数。

2. 穿越管线风险控制措施

北京地铁 6 号线西延工程区间正线马蹄形断面结构平行下穿、垂直或斜向下穿雨水、上水、污水、电力等管线，穿越时存在较大风险，需采取控制措施进行下穿施工。

（1）洞外保护措施

1）加强日常管线变形监测；

2）加强日常管线巡视及检查。

（2）洞内保护措施

1）进行超前地质探测，隧道在下穿管线影响范围前暂停施工，自掌子面向拱顶和两侧打设 6m 长超前探水管，探测掌子面前方是否有水囊及地层含水量情况，每 5m 一个循环，用于指导施工。

2）区间正线初支严格超前小导管施工。

3）提早封闭成环及时进行初支背后注浆，控制地层沉降。

4）每榀打设锁脚锚杆并注浆。

5）控制台阶长度。

6）施工中加强对管线进行监测，并及时反馈监测结果。

7）初期支护施工后，及时对背后的空隙注 1：1 水泥浆填充。注浆孔应沿隧道拱部和边墙布设。环向间距：起拱线以上为 2.0m，边墙为 3.0m；纵向间距：3.0m，梅花形布置。且拱部应有一个注浆孔。注浆压力控制在 0.3～0.5MPa，如浆液扩散效果不理想，可采取加密回填管的措施进行处理，不得提高注浆压力，防止结构变形。根据施工沉降监测情况，回填注浆在施工过程中有可能需要反复进行，当开挖和回填注浆发生矛盾时，回填注浆优先施工。

8）加强洞内和地表的监控量测工作，根据沉降观测进行动态观测。用现场实测的结果弥补理论分析过程中存在的不足，并把监测结果及时反馈，采取相应措施确保施工安全。

当监测值大于控制值的 85％时，应立即采取补救措施。应急注浆措施中浆液均使用超细水泥浆。具体的内容如下：

对掌子面全断面挂网喷射混凝土封闭、采用注浆管对掌子面背后土体进行加固，并增加初期支护背后注浆压力，控制管线沉降。

及时通知管线产权单位，配合对管线进行修补或导流。

必要时增设径向补偿注浆管进行注浆抬升。

在开挖过程中，如遇到涌砂、涌泥等情况时，应立即停止开挖，及时用沙袋封堵涌砂部位，立即布置钢筋网喷混凝土封闭掌子面，在施做每一工序时，需及时、准确地对涌砂、涌泥处进行封堵。

3. 穿越建（构）筑物风险控制措施

北京地铁 6 号线西延工程区间马蹄形断面施工时，穿越大量建（构）筑物，主要涉及下穿、侧穿等穿越方式。针对各类穿越建（构）筑物风险源，需采取风险控制措施。常用措施为深孔注浆＋临时仰拱等。

注浆施工前应查明既有建（构）筑物的结构特征、基础形式、埋深及现状等，对已有裂缝和破损情况应做好现场标记并记录在案。对于侧穿及下穿的建（构）筑物，须在建（构）筑物前后 10m 范围采用深孔注浆从洞内加固区间结构与房屋基础间的土体。

为保证施工过程中掌子面及拱顶土体稳定，确保建（构）筑物及施工安全，按照设计要求，采用深孔注浆加固隧道拱部土体，为开挖施工创造良好的条件。深孔注浆采用坑道钻机成孔，利用钻杆直接注浆。钻机注浆适用于任意角度的注浆孔注浆，在钻进至设计位置后，可立即利用钻杆实施注浆。

（1）施工机具

钻机：ZL-1200，适用于卵石层钻孔注浆，可以进行垂直孔、斜孔及水平孔的钻孔及注浆施工；压浆泵：SYB-60/60 型注浆泵、拌浆桶等。

（2）注浆范围

深孔注浆加固范围为穿越建（构）筑物前后 10m。并且每段注浆长度为 12m，搭接 2m。

（3）止浆墙施工

在注浆孔钻孔之前，先在导洞上台阶施做止浆墙，在掌子面前方打设 2m 长 Φ22 钢筋锚杆，间距为 500mm×500mm，止浆墙厚 300mm，采用 C20 喷射混凝土，布置双层钢筋网 Φ6@150×150mm，对于第一道止浆墙采用型钢支撑保证掌子面稳定，如图 3-5 所示。

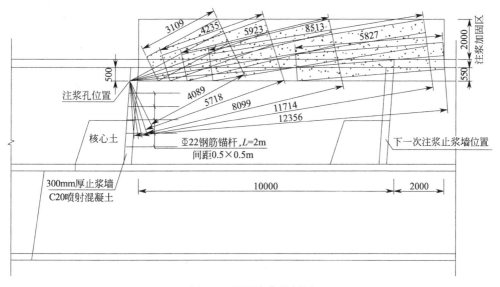

图 3-5　深孔注浆纵剖图

（4）注浆试验

先试钻一个钻孔并注浆，观察注浆量及注浆压力，通过试验调整注浆压力、浆液扩散半径等注浆参数，并确定注浆孔布设范围。

注浆口钻孔前先对导洞拱部及边墙初支背后回填注浆，防止钻孔施工造成隧道失稳以及孔口出现涌水现象，注浆压力控制在 0.2～0.5MPa，到达压力后持续 30～60s 可停止注浆，待浆液凝固达到强度后方能进行钻孔施工。

（5）主要注浆施工参数

注浆管直径 Φ42mm，注浆孔环向中心间距 800mm，浆液的最大扩散半径 0.5m。根据地质情况，圆砾卵石及中粗砂层渗透系数约 60～120m/d，注浆压力 0.8～1MPa。根据现场试验调整浆液凝结时间，一般控制在 1～5min。最大注浆长度约 10m，钻杆前进幅度

15～20cm。

（6）注浆施工

定孔位：根据每眼注浆口位置、每环注浆管末端距注浆口垂直高度及注浆扩散范围确定钻机钻杆角度、钻孔长度及钻杆偏移角度，定孔位偏差不得大于±20mm，钻孔角度偏差不得大于1°。

钻机就位：钻机按照指定位置就位，并在技术人员的指导下，调整钻杆角度。对准孔位后，钻机不得移位。

钻进成孔：钻孔时，密切观察钻孔进度，如发生涌水情况，应立即停止钻孔，先进行注浆止水，并确认止水效果后方可停止注浆，向前继续钻孔施工。

浆液配比：采用计量准确的计量工具，按照浆液配比配料，根据地质情况选用浆液类型。

注浆：根据地质情况，可选择前进式或回抽式注浆，严格控制钻杆注浆速度，每次前进或回抽不大于200mm。根据地质情况控制注浆压力。注浆还应密切关注浆液流量，当出现压力突然上升、下降等异常情况时应立即停止注浆，必须查明异常原因，采取必要的措施（调节注浆参数、移位、打斜孔等方式）方可继续注浆。回抽后的钻杆应及时清洗干净，以备后用。注浆完成后，应采取措施保证注浆不溢浆跑浆。

注浆结束标准和注浆效果评定：注浆压力逐步升高，当达到设计终压并继续注浆5min以上。

注浆顺序：注浆施工顺序为先注外圈，后内圈，再补注外圈，同一圈由下而上间隔施做。

（7）施工注意事项

为保证注浆搭接效果，保证注浆范围不小于设计范围，每环注浆管末端位置注浆管长度应大于实际计算位置注浆管长度50cm。

注浆施工过程中应根据地质情况计算每次理论注浆量，实际注浆量与理论注浆量进行对比，如相差较大应分析原因，采取维持终压、增加注浆时间等措施保证浆液填充率。精确计算每孔注浆管长度、角度及注浆量，应根据现场实际情况确定注浆压力、注浆配比及浆液凝结时间，确保注浆效果。

4. 大粒径漂石处理过程风险控制措施

（1）开挖轮廓控制技术及工艺

由于北京6号线西延工程所处地层中的卵石具有粒径大、含量高、无胶结的特点，隧道开挖轮廓控制及开挖漂石过程中地层稳定性控制成为卵石地层的一大风险点。解决措施主要有：

卵石地层开挖时应遵循"管细短、快封闭、少扰动、中拉槽、固拱脚"的施工原则。

卵石地层开挖时，上台阶长度要保持不小于3～5m，核心土长度不小于2m，且上台阶核心土外中部放坡拉槽。

下台阶开挖时要放坡开挖，整个下台阶开挖时先挖中间，后挖拱脚下方，靠近拱脚部位采用人工开挖，减少下台阶开挖时对上台阶的扰动，保证结构施工安全。

（2）一般大漂石处理措施

根据现场开挖揭示，大粒径漂石出现的比例比较大，且可能出现在隧道各个部位，施工时存在较大风险。针对不同情况，采取不同的方法进行处理。

针对大漂石地层，准备特制工具，在开挖面遇到粒径50～80cm的大漂石，先使用风镐沿漂石边缘打入，连续钻打至漂石有稍许的松动后，在漂石正下方安装好钢丝网加工的网兜。网兜安装必须牢固，可以将网兜固定在格栅主筋上，然后由工人使用长度不小于1.5m的撬棍在漂石远端对漂石进行撬动，使撬落后的漂石落入网兜，人工就近搬至小推车中。石头较大时可辅以翘板搬运，然后由小推车运至龙门架下方土兜中，外运至堆土场。

（3）侵入结构大漂石处理措施

开挖时，如遇到个别大漂石（漂石粒径＞40cm）侵入结构，一般可以采取先隧道施工，后漂石处理；先绕行再处理的措施。漂石暴露后及时将漂石支顶牢固。

（4）漂石位于拱顶及边墙处

1）当漂石未位于格栅安装位置时

如漂石外露长度小于土中埋深，且不大于初支厚度时，可采取安装格栅，漂石部位内侧挂单层网片，喷射混凝土进行封闭处理。

如果外露长度大于土中埋深或外露长度大于初支厚度时，先进行初支施工，漂石部位钢筋网片及纵向连接筋断开，漂石两侧各加强一根纵向连接筋，待初支至过漂石位置2m后，再用风镐将漂石凿除，将纵向连接筋连接，挂网喷射混凝土。

2）当漂石位于格栅安装位置时

当漂石粒径在40～60cm时，缩小格栅间距，在漂石两侧各布置一榀钢格栅，挂网喷射混凝土，漂石部位钢筋网片及纵向连接筋断开，漂石两侧各加强两根纵向连接筋。若漂石不侵入二衬结构，则直接封闭在初支内。若侵入二衬结构，则待初支施工至过漂石位置2m后，用风镐将漂石凿除，将纵向连接筋焊接连接，挂网喷射混凝土。

当漂石粒径在60cm以上时，缩小格栅间距，除在漂石两侧各布置一榀格栅外，在漂石中间部位也布置一榀格栅，该格栅在漂石部位断开，纵向连接筋加密，待初支施工至过漂石层位置两榀格栅位置时，用风镐将漂石凿除，将格栅主筋焊接连接，挂网喷射混凝土。

3）漂石位于仰拱时，需将漂石挖出，并回填密实，然后进行初支施工。

4）大漂石正好位于上下台阶钢格栅连接板位置，影响至下台阶格栅连接时，必须将漂石从土体中挖掘出来，拟采用在漂石四周打设钢花管对漂石四周土体进行加固处理，待加固完成后将漂石从土体中挖掘出来。

对于受卵石层影响的仰拱施工，若仰拱格栅部位大粒径漂石较多时，可采用两步开挖的方法。

但若遇到漂石在拱顶部位集中分布时，格栅断开量较大会降低结构强度，危及隧道安全，若要保护格栅完整，则必须先对漂石进行处理。在小导管无法打设的情况下，直接剔除漂石，势必会引起隧道塌方。在此情况下，采用深孔注浆方法，对漂石群地层进行超前预加固，待对地层进行加固后再处理漂石群。

对开挖大漂石导致的超挖及空洞，先挂网喷射混凝土封口并预留打料管，封闭完成后通过料管向孔洞内喷射干料回填，最后采用料管进行背后注浆回填密实。

3.1.4 马蹄形断面施工监测成果分析

北京地铁6号线西延工程区间除人防断面、射流风机断面、停车线断面、渡线断面等特殊用途断面外，均采用标准马蹄形断面形式施工。马蹄形断面采用台阶法施工，对地层及地表的影响次数较少，初支施工期间影响较大，二衬施工无明显影响。各区间马蹄形断面地表变形影响统计如表 3-4 所示。

马蹄形断面地表变形影响统计表　　　　表 3-4

区间名称	区间长度(m)	马蹄形断面长度(m)	顶板覆土厚度(m)	地表沉降值范围(mm)	地表平均沉降值(mm)	统计测点数量	备注
田村站——一期起点区间	1664.76	1547.30	16.0～19.0	−26.40～5.24	−10.94	231	
廖公庄站—田村站区间	2011.60	1870.60	16.0～22.0	−40.33～7.54	−15.41	312	
西黄村站—廖公庄站区间	1599.89	1571.00	18.5～27.6	−18.58～5.25	−5.34	251	
苹果园南路站—西黄村站区间	1487.32	1458.30	16.0～22.0	−17.63～3.30	−4.03	245	
苹果园站—苹果园南路站区间	620.65	602.60	15.2～19.8	−20.53～1.00	−4.11	105	
金安桥站—苹果园站区间	905.55	857.87	11.3～19.0	−23.74～4.33	−4.38	132	
起点—金安桥站区间	464.00	202.96	9.3～21.8	−64.09～−8.04	−23.38	31	含地下水
平均变形量	—	—	—	—	−8.72	—	—

通过对北京地铁 6 号线西延工程马蹄形断面隧道施工地表沉降值的统计可知，马蹄形断面施工过程中，地表变形受深孔注浆产生局部隆起，开挖过程地层产生应力释放而沉降，总体变形量介于−64.09～7.54mm。各区间地表平均变形量介于−23.38～−4.03mm，剔除地下水影响的区间后，各区间地表变形量介于−15.41～−4.03mm。整个线路在马蹄形断面施工完成后，平均变形量为−8.72mm，小于地表变形控制值（−30～10mm）。

对马蹄形断面隧道地表变形典型主测断面及典型测点进行分析。典型主测断面为垂直于区间正线的监测断面，其变形曲线如图 3-6 所示，典型测点变形时程曲线如图 3-7 所示。

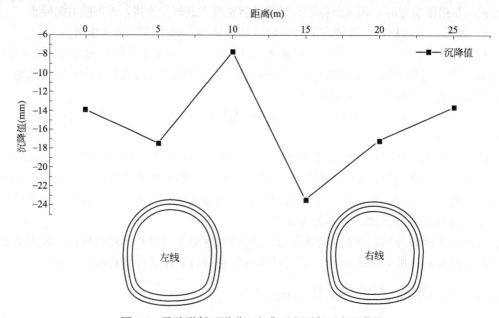

图 3-6　马蹄形断面隧道上方典型主测断面变形曲线

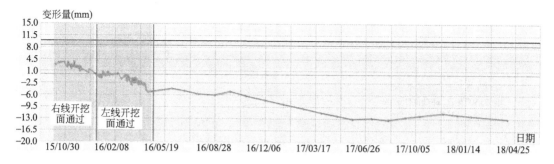

图 3-7　马蹄形断面隧道上方典型测点沉降时程曲线

通过对典型主测断面及典型测点沉降时程曲线分析可知,当区间左右线间距较大时,其主测断面沉降槽形状呈"W"形。左、右线隧道轴线上方附近测点沉降较大。造成这种现象的原因为暗挖施工对土体造成扰动,隧道正上方的测点处土体受到扰动较大,因此两线隧道上方附近测点沉降较大。随着测点离隧道的距离变大,测点的沉降值逐渐变小,沉降主要影响距离在隧道外约 10m。区间正线马蹄形断面隧道开挖过程中,位于隧道上方土体在左、右线开挖面通过测点下方前后,对土体产生扰动,引起上方地表测点沉降曲线下降,持续时间较长。造成这种现象的原因为该隧道掌子面上下台阶开挖对测点均造成影响,表现出沉降曲线长时间持续下降状态。待区间左、右线开挖面通过后,地表沉降缓慢发展。待区间左、右线开挖面全部通过 15~20 天后沉降趋于稳定。后期道路缓慢变形引起沉降占总沉降比值较大。最终沉降值为 −12.91mm。开挖阶段造成的沉降约占测点总沉降量的 1/2 左右,后期缓慢沉降阶段造成的测点沉降量占总沉降量的 1/2 左右。

6 号线西延工程马蹄形断面隧道施工引起的地表变形小于控制值。结合施工过程洞内外的巡视资料综合分析,6 号线西延工程马蹄形隧道施工过程中,整体处于风险可控状态。

3.2　交叉中隔壁法断面施工风险控制技术

3.2.1　交叉中隔壁法断面形式

交叉中隔壁法是一种适用于软弱围岩隧道施工的方法,属于矿山法的一种。其施工理念是将大断面隧道分为 4 个及以上双数的采用初支分隔的小断面进行分部施工。在地铁施工过程中,一般采用左上、左下、右上、右下的施工顺序进行施工。待初支结构拱顶沉降及收敛基本稳定后,分段自下而上拆除初支中隔壁及临时仰拱,施做二衬结构仰拱及侧墙、顶板,直至闭合成环。交叉中隔壁法施工过程中,单个洞室采用台阶法施工,整个分隔洞室数量少于双侧壁导坑法隧道断面,其兼有台阶法和双侧壁导坑法施工的优点,有利于保证隧道施工的安全。交叉中隔壁法隧道断面结构图如图 3-8 所示,其结构设计参数如表 3-5 所示。

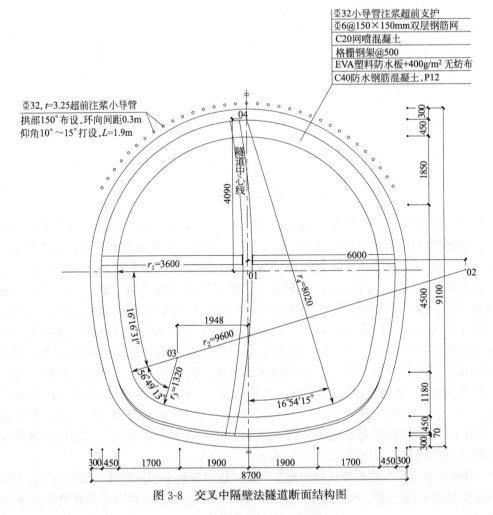

图 3-8　交叉中隔壁法隧道断面结构图

交叉中隔壁断面结构设计参数表　　　　　　　　　　　　　　　表 3-5

结构形式	项目		材料及规格	说明
交叉中隔壁断面	初期支护	单排超前小导管	DN25 t=3.25,钢焊管 注浆:双液浆	L=1.9m; 纵间距:每榀钢格栅; 环间距:0.3m;仰角:22°
		锁脚锚管	DN25 t=3.25,钢焊管 注浆:单液水泥砂浆	L=2m 纵间距:每榀钢架
		钢筋网	Φ6@150×150mm	双层铺设,搭接长度1个网格
		初支喷射混凝土	C20 网喷混凝土	厚度 0.3m
		连接筋	Φ22	直螺纹连接
		格栅钢架	HPB300/HRB400E 钢筋	纵间距 0.5m
		临时仰拱	I22a	纵间距:每榀钢架。施做二衬时 临时支护拆除长度不超过 4m
	二衬		C40 防水钢筋混凝土,抗渗等级 P12	厚度 0.45m

3.2.2　交叉中隔壁法断面施工方法

　　交叉中隔壁法隧道断面施工时,单独导洞一般采用台阶法施工,其施工工序如表 3-6 所示。

表 3-6

序号	图示	施工工序
1	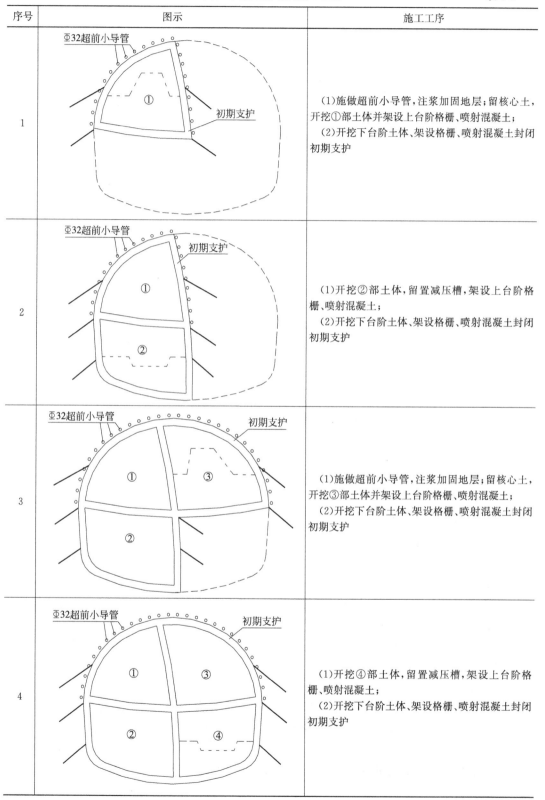	(1)施做超前小导管,注浆加固地层;留核心土,开挖①部土体并架设上台阶格栅、喷射混凝土; (2)开挖下台阶土体、架设格栅、喷射混凝土封闭初期支护
2		(1)开挖②部土体,留置减压槽,架设上台阶格栅、喷射混凝土; (2)开挖下台阶土体、架设格栅、喷射混凝土封闭初期支护
3		(1)施做超前小导管,注浆加固地层;留核心土,开挖③部土体并架设上台阶格栅、喷射混凝土; (2)开挖下台阶土体、架设格栅、喷射混凝土封闭初期支护
4		(1)开挖④部土体,留置减压槽,架设上台阶格栅、喷射混凝土; (2)开挖下台阶土体、架设格栅、喷射混凝土封闭初期支护

射流风机断面采用 CRD 法施工，分 4 个洞室分别开挖，各洞室采用台阶法开挖，每循环进尺为 0.5m，各洞室开挖面错开大于 5m。1、3 洞室上台阶环形开挖预留核心土，核心土正面投影面积不少于上台阶开挖面积的一半，纵向长度以 1m 为宜。上台阶人工开挖，下台阶与上台阶错开 2～3m，根据实际情况选择机械或人工开挖，如图 3-9 所示。

交叉中隔壁法隧道初支完成后，进行初期支护背后注浆。根据施工监控量测结果，逐段拆除底部临时支撑，施做防水层，施做底部二次衬砌，预留钢筋、防水板接头。待底部仰拱部位二衬达到强度后，逐段拆除剩余临时支撑。施做边墙防水层、拱部和二次衬砌，结构封闭成环，二衬完成后进行二次衬砌背后注浆。

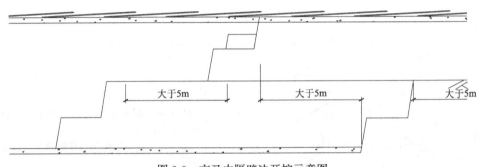

大于5m　　大于5m　　大于5m

图 3-9　交叉中隔壁法开挖示意图

3.2.3　交叉中隔壁法断面施工主要风险点及控制措施

砂卵石地层交叉中隔壁法断面隧道施工过程中涉及的风险点主要有：初支施工下穿管线、下穿建（构）筑物、漂石的处理，不同断面变换、中隔壁及临时仰拱拆除等。其中初支施工下穿管线、下穿建（构）筑物、漂石的处理等风险控制措施同马蹄形断面隧道施工风险控制措施，不同断面变换风险控制措施在本章第 4 节进行集中分析，中隔壁及临时仰拱拆除过程中采取的主要控制措施如下。

交叉中隔壁法隧道施工时，因采用中隔壁及临时仰拱将大断面分隔成 4 个及以上双数的小洞室，待初支完成后，未达到其使用效果，需将中隔壁及临时仰拱拆除。在拆除过程中，涉及一次受力转换，受力转换过程是交叉中隔壁法的风险点。在对该风险点进行控制时，分为拆撑前的控制及拆撑过程的控制。

中隔壁及临时仰拱拆除前的控制主要是指开挖过程确保其格栅钢架节点部位连接质量要符合设计要求。格栅钢架架立过程中需要注意的事项如下：

（1）首先选择正确的格栅钢架，因格栅钢架成批加工，暗挖隧道断面较多，为杜绝误用，格栅钢架架立前首先对其表观和格栅尺寸进行检查。

（2）必须保证初支拱部高程，严格按照测量控制线进行拱顶高程控制。

（3）格栅钢架过程中必须严格控制隧道初支净空，保证隧道二衬结构的厚度。

（4）格栅钢架架立必须保证同榀格栅钢架里程同步，严格按照测量放样同步里程控制，测量组严格按照每 5m 一次准确里程放样进行施工测量控制，在曲线段尤其重要。

（5）挂线绳实测格栅钢架架立后的垂直度，在不满足验收标准时及时进行调整直至满足标准。

（6）格栅钢架架立定位完成后，及时进行连接筋的焊接，并在施工过程中为下一循环施工预留足够的搭接长度。

（7）钢筋网片与格栅钢架或连接筋点焊或绑扎在一起。网片搭接长度不小于一个网格。

（8）在格栅节点连接时，需保证节点板密贴，连接螺栓拧紧。当现场施工不能满足要求时，需采用同格栅主筋直径相同的连接筋进行帮焊，并保证达到单面焊不小于10倍格栅主筋直径，双面焊不小于5倍格栅主筋直径的焊接要求。

保证初支格栅节点板部位连接质量满足设计要求是交叉中隔壁法隧道后续拆撑过程风险可控的基础。

（9）在拆撑二衬施工过程中，严格控制隧道拆撑长度，一般不超过6m，拆撑过程加强现场的巡视及监测，并根据监测结果控制拆撑长度，发现异常时及时采取应急措施，保证现场施工的安全风险可控。

3.2.4 交叉中隔壁法断面施工监测成果分析

北京地铁6号线西延工程区间交叉中隔壁法隧道施工过程中，其主要应用于人防断面及射流风机断面，施工采用4导洞交叉中隔壁方式进行施工，各区间交叉中隔壁法断面隧道施工过程对地表变形影响统计如表3-7所示。

交叉中隔壁法断面施工沉降值 表3-7

区间名称	交叉中隔壁部位	断面尺寸（长×宽×高）(m)	顶板覆土厚度(m)	地表沉降值范围(mm)	地表平均沉降值(mm)	统计测点数量	备注
田村站——一期起点区间	射流风机段	36.5×8.5×7.6	16.5	−18.95～−0.26	−8.23	10	
廖公庄站—田村站区间	人防段	11.4×9.0×9.3	19.3	−15.09～−10.16	−12.45	4	
西黄村站—廖公庄站区间	人防段	11.4×8.7×9.1	20.5	−15.62～−6.92	−12.25	5	
苹果园南路站—西黄村站区间	人防段	12.5×8.7×9.1	21.5	−12.77～−3.12	−8.95	4	
苹果园站—苹果园南路站区间	人防段	12.5×8.7×9.1	15.2	−12.05～−3.53	−7.44	4	
金安桥站—苹果园站区间	人防段	12.5×8.7×9.1	11.3	−13.56～−7.19	−10.7	4	
起点—金安桥站区间	人防段	12.5×8.7×9.1	14.8	−65.90～−15.29	−39.10	4	含地下水
平均变形量	—	—	—	—	−13.10	—	

通过对北京地铁6号线西延工程交叉中隔壁法断面隧道施工沉降值的统计可知，交叉中隔壁法断面施工过程中，地表变形受开挖影响使地层产生应力释放而沉降，总体变形量介于−65.90～−0.26mm。各区间地表平均变形量介于−39.10～−7.44mm，剔除地下水影响的区间后，各区间地表变形量介于−12.45～−7.44mm。整个线路交叉中隔壁法断面施工完成后，平均变形量为−13.10mm，小于地表变形控制值（−30～10mm）。

对交叉中隔壁法断面隧道典型主测断面及典型测点进行分析，典型主测断面为垂直于区间正线的监测断面，其变形曲线如图3-10所示，典型测点变形时程曲线如图3-11所示。

通过对典型主测断面及典型测点沉降时程曲线分析可知，主测断面位于人防段上方，

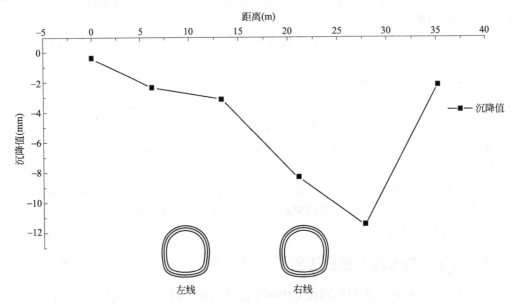

图 3-10　交叉中隔壁法断面隧道上方典型主测断面变形曲线

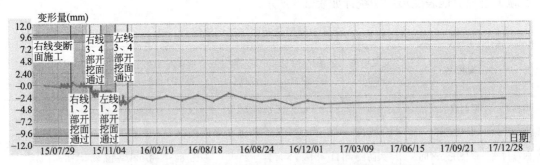

图 3-11　交叉中隔壁法断面隧道上方典型测点沉降时程曲线

右线上方表现出较大沉降，沉降值达 12mm，其沉降槽呈现出右线部位偏大的趋势，左线上方测点沉降小于右线上方测点沉降。造成这种现象的原因为左、右线所处场地环境不同，右线位于主路上方，存在重型车辆扰动影响。同时隧道施工对地表扰动不同，造成地表部位出现该变形趋势。随着测点离隧道的距离变大，测点的沉降值逐渐变小，沉降主要影响距离在隧道外约 10m 位置。区间人防断面采用交叉中隔壁法施工过程中，在开挖面通过测点时，测点沉降速率最大。右线断面对测点处土体造成一定影响，表现为测点处土体沉降时程曲线呈现波动状态。当右线交叉中隔壁法隧道开挖面临近时，测点处土体受到扰动，地表沉降约 2mm，随后呈现波动状态。待左线交叉中隔壁法断面 1、2 洞开挖面与3、4 洞开挖面相继通过后沉降曲线进一步发展，沉降最大值为 4mm 左右，开挖面通过测点 15～20 天后扰动结束，沉降趋于稳定。

北京地铁 6 号线西延工程交叉中隔壁法断面隧道施工引起的地表变形小于控制值。结合施工过程洞内外的巡视资料综合分析，6 号线西延工程交叉中隔壁法断面隧道施工过程中，整体处于风险可控状态。

3.3 双侧壁导坑法大断面施工风险控制技术

3.3.1 双侧壁导坑法断面形式

双侧壁导坑法又称眼镜工法,当隧道跨度很大,地表沉降控制要求严格,围岩条件较差,对地表及围岩变形控制要求较高时可采用双侧壁导坑法。双侧壁导坑法是一种适用于软弱围岩隧道施工的方法,属于矿山法的一种。常见双侧壁导坑施工是将大断面隧道分成4块,左、右侧壁导坑、上部核心土、下台阶。导坑尺寸宜超过断面最大跨度的1/3,左、右侧导坑错开的距离不宜小于15m。地铁工程采用双侧壁导坑法隧道断面一般设置于渡线断面,其断面形式与常见双侧壁导坑法断面略有差异。地铁工程采用六洞室双侧壁导坑法施工,即将大断面隧道分为6个导洞,各导洞施工工序为左上、左下、右上、右下、中上、中下,上、下导洞施工期间开挖面间距间隔1倍以上洞径,左右两侧导洞纵向错开距离不宜小于15m,在6号线西延工程中,间隔为15m。双侧壁导坑隧道断面结构图如图3-12所示,其结构设计参数如表3-8所示。

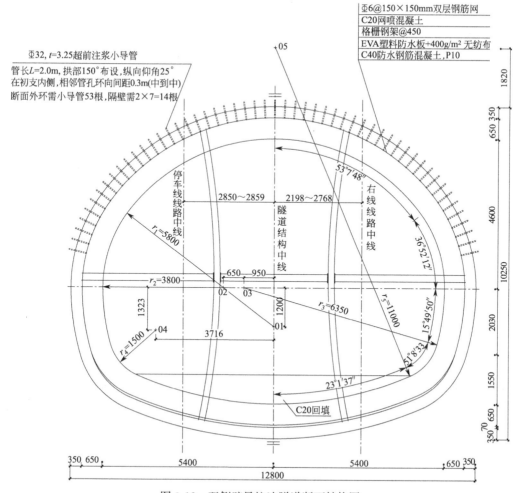

图 3-12 双侧壁导坑法隧道断面结构图

结构形式	项目		材料及规格	说明
双侧壁导坑断面	初期支护	超前小导管	DN32，$t=3.25$mm，钢焊管注浆浆液：水泥浆	$L=2$m，拱部150°布设，纵向仰角25°，在初支内侧；相邻管孔环向间距0.3m(中到中)
		格栅钢架	钢筋主筋 HRB400、钢材 Q235-B，螺栓：强度等级为 4.6 级、性能等级为 C 级钢材，螺孔为 4M24	纵向间距0.5m
		纵向连接筋	HRB400Φ22 连接筋	直螺纹连接筋
		钢筋网	HPB300Φ6@150×150mm	双层，网片搭接长度0.15m
		喷射混凝土	C20 喷射混凝土	厚度0.35m
		锁脚锚管	Φ32 钢焊管，$t=3.25$mm，单液水泥浆，注浆压力 0.4MPa，注浆半径 0.5m	单根长 1.5m，每循环拱脚打设，水平夹角45°，斜向下打设
		临时仰拱	临时仰拱型钢为 I22a，型钢钢架上下侧均设置Φ22 连接筋	在临时仰拱下设单层 Φ6@150×150mm 钢筋网片，搭接一个网眼。厚度0.3m
		初支隔壁	格栅钢架	厚度0.3m
	二衬	模筑混凝土	C40，P10 防水混凝土	厚度 0.65m
		钢筋	HPB300、HRB400	

3.3.2 双侧壁导坑法断面施工方法

双侧壁导坑法施工工序如表 3-9 所示。

6 导洞双侧壁导坑法施工工序　　　　表 3-9

序号	图示	施工工序
1	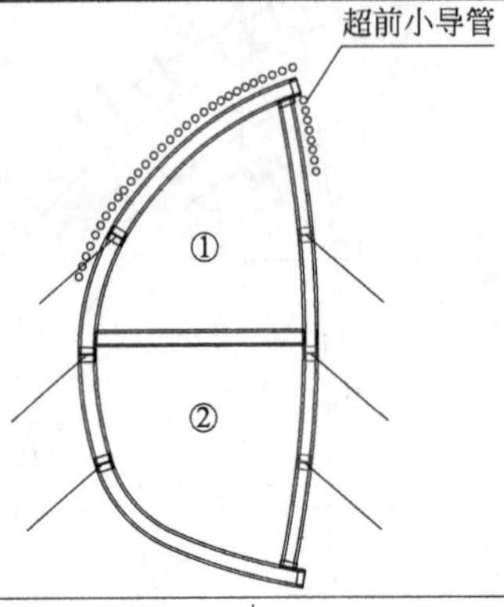	(1)做拱部单排超前小导管注浆加固地层，台阶法开挖左上①号洞土体，上台阶预留核心土，施做初期支护及时封闭临时支护； (2)待①号洞初支封闭进尺 6m 后，台阶法开挖左下②号洞土体，施做初期支护及时封闭仰拱
2	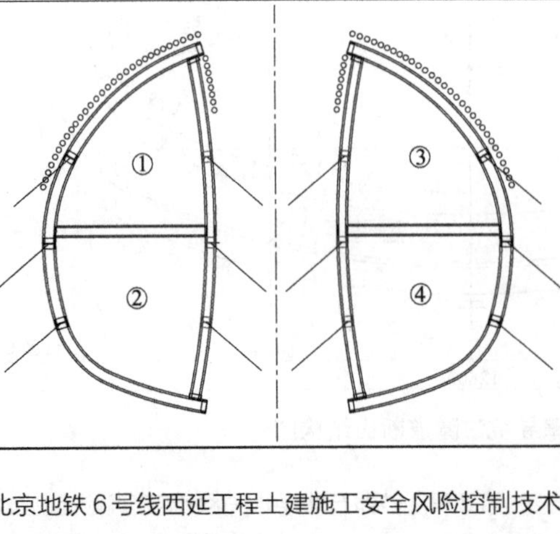	(1)对右上③号洞拱部超前小导管注浆加固地层，待左下②号洞土体进尺 6m 后，台阶法开挖③号洞，上台阶预留核心土； (2)施做③号导洞初期支护，及时封闭临时支护； (3)待③号洞初支进尺 6m 封闭后，开挖右下④号洞土体，施做初期支护及时封闭仰拱

序号	图示	施工工序
3	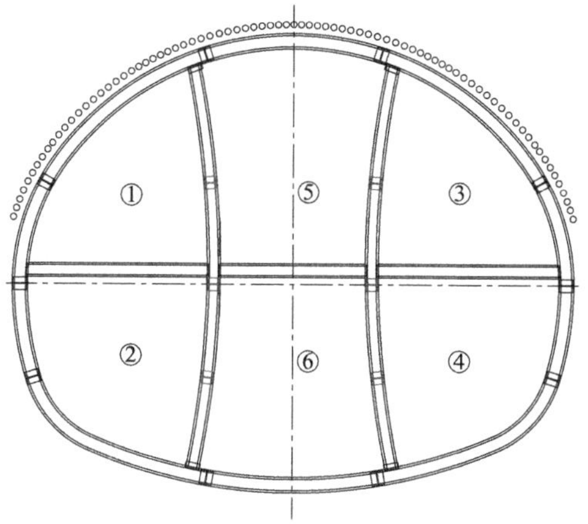	(1)施做中上部拱部超前小导管注浆加固地层; (2)待④号洞土体开挖进尺6m后,再台阶法开挖⑤号洞上断面土体,上台阶预留核心土,并及时封闭临时支护; (3)待⑤号洞初支进尺6m封闭后,台阶法开挖中下⑥号洞土体,施做初期支护及时封闭仰拱
4	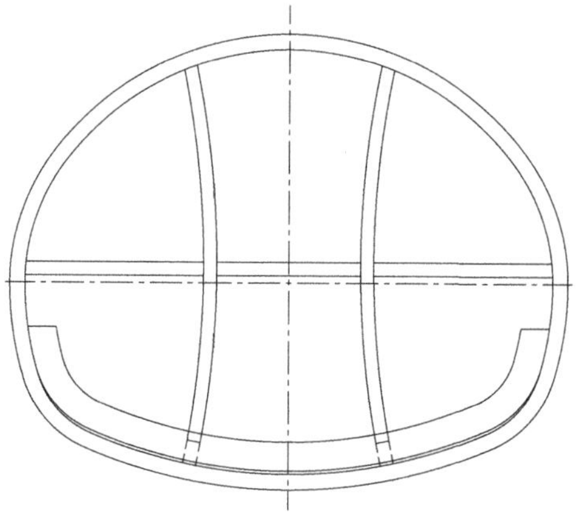	待初支整体封闭后,根据施工步序,分段拆除下部部分临时支护中隔壁,每拆除的长度不超过6m,并根据现场监控量测情况调整,最后施做底板以及部分边墙二次衬砌且在施工仰拱二衬时,竖向格栅锚入底板10cm
5	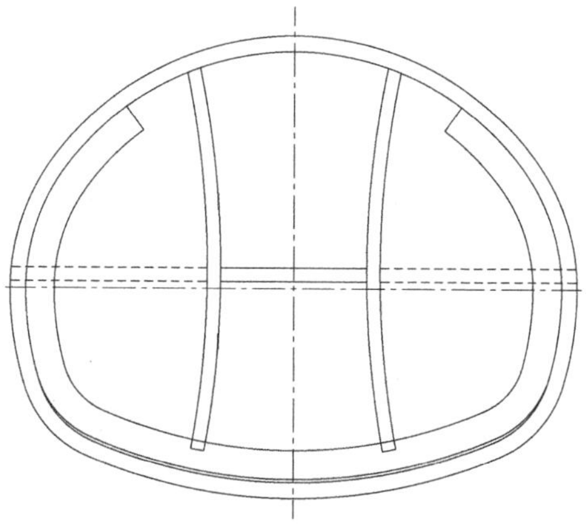	根据施工监测情况,沿隧道纵向分段拆除部分临时仰拱,架设满堂支架和纵向门式框架,敷设防水层,浇筑二衬

序号	图示	施工工序
6	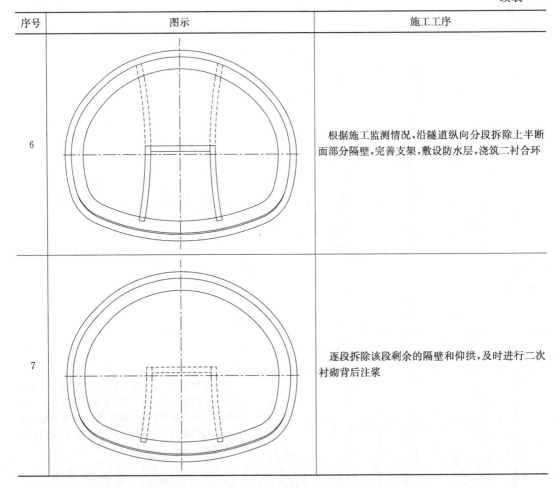	根据施工监测情况,沿隧道纵向分段拆除上半断面部分隔壁,完善支架,敷设防水层,浇筑二衬合环
7		逐段拆除该段剩余的隔壁和仰拱,及时进行二次衬砌背后注浆

双侧壁导坑法隧道施工时,需注意以下事项:

（1）采用"台阶法"施工,上、下断面台阶长度宜控制在 3～5m。

（2）开挖轮廓线充分考虑施工误差、预留变形和超挖等因素的影响。

（3）开挖前采取超前预支护和预加固措施,做到预加固、开挖、支护三环节紧密衔接。

（4）开挖过程中,上半断面宜采用环形开挖,保留核心土;下半断面开挖时,边墙宜采用单侧或双侧交错开挖,仰拱尽快开挖,缩短全断面封闭时间。

（5）区间隧道不得欠挖,对意外出现的超挖或塌方应采用喷混凝土回填密实,并及时进行背后回填注浆。

（6）开挖过程中必须加强监控量测,应尽可能快地施工临时支撑或仰拱,形成封闭环,控制位移和变形。

双侧壁导坑法隧道施工示意图如图 3-13 所示。

3.3.3 双侧壁导坑法断面施工主要风险点及控制措施

砂卵石地层双侧壁导坑法断面隧道施工过程中涉及的风险点主要有:初支施工下穿管

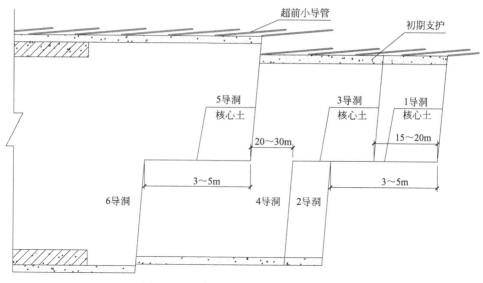

图 3-13　双侧壁导坑法隧道施工示意图

线、下穿建（构）筑物、漂石的处理，不同断面变换、中隔壁及临时仰拱拆除、近距离施工等。其中初支施工下穿管线、下穿建（构）筑物、漂石的处理、中隔壁及临时仰拱的拆除等风险控制措施同马蹄形断面及交叉中隔壁法隧道施工风险控制措施，不同断面变换风险控制措施在本章第 4 节进行集中分析。本节主要介绍双侧壁导坑法隧道近距离施工的风险控制措施。

区间渡线段大断面与两侧标准断面隧道之间土体间隔 2～5.8m，为近距离施工，为保证施工安全及土体的稳定性，开挖前需合理安排施工工序，并对隧道间土体进行加固处理。

针对区间近距离施工主要风险控制措施为：

（1）先施工标准断面，待标准断面进尺 20m 后，再开挖大断面隧道。

（2）大断面隧道施工前，自标准断面按 0.75m×0.75m 径向打设 DN25 水煤气管，$L=2～4.5m$，对两隧道间夹持土体进行加固注浆，注浆参数根据现场情况确定。

（3）同时标准断面前 30m 设置临时仰拱，抵抗水平变形。临时仰拱采取 I22a 工字钢，布设连接筋及钢筋网，喷射 C20 混凝土。

（4）隧道封闭成环后，尽快进行初支背后注浆，以保证初支背后填充密实。

（5）大断面施工时，加强对标准断面洞内收敛点的监测及洞内连接板处结构的巡视，发现收敛异常，及时采取相应措施。

（6）加强地表沉降及完成隧道的拱顶沉降、净空收敛监测，根据监测结果调整施工措施。

3.3.4　双侧壁导坑法断面施工监测成果分析

北京地铁 6 号线西延工程区间双侧壁导坑法主要应用于渡线区域，施工采用 6 导洞双侧壁导坑法进行施工。全线涉及渡线的区间有三处，分别为：廖公庄站—田村站区间，金安桥站—苹果园站区间，起点—金安桥站区间。各区间双侧壁导坑法断面隧道施工过程对地表变形影响统计如表 3-10 所示。

双侧壁导坑法断面施工沉降值 表 3-10

区间名称	双侧壁导坑部位	断面尺寸(长×宽×高)(m)	顶板覆土厚度(m)	地表沉降值范围(mm)	地表平均沉降值(mm)	统计测点数量	备注
廖公庄站—田村站区间	渡线段	40.0×15.6×12.6	17.0	−30.92～−10.76	−20.41	24	4 个断面
金安桥站—苹果园站区间	渡线段	99.0×15.8×11.6	18.1	−39.40～−13.16	−20.62	27	4 个断面
起点—金安桥站区间	渡线段	11.5×8.7×9.1	10.9	−32.56～−11.27	−22.82	6	2 个断面
平均变形量	—	—	—	—	−20.76	—	

通过对北京地铁 6 号线西延工程双侧壁导坑法断面隧道沉降值的统计可知，双侧壁导坑法断面施工过程中，地表变形受开挖影响使地层产生应力释放而沉降，总体变形量介于 −39.40～−10.76mm。各区间地表平均变形量介于 −22.82～−20.41mm，整个线路双侧壁导坑断面施工完成后，平均变形量为 −20.76mm，小于地表变形控制值（−30～10mm）。

对双侧壁导坑法断面隧道典型主测断面及典型测点进行分析，典型主测断面为垂直于区间正线的监测断面，其变形曲线如图 3-14 所示，典型测点沉降时程曲线如图 3-15 所示。

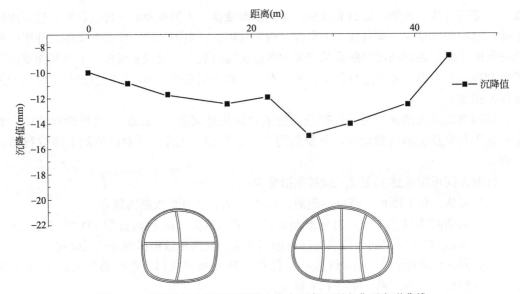

图 3-14　双侧壁导坑法断面隧道上方主测断面测点典型变形曲线

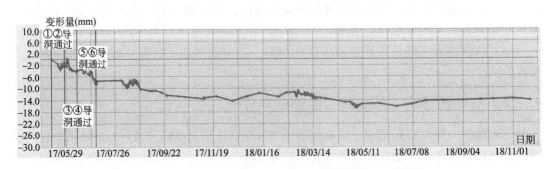

图 3-15　双侧壁导坑法断面上方典型测点沉降时程曲线图

主测断面沉降槽呈凹槽形状。主要由于双侧壁导坑断面隧道开挖对地表沉降影响较大，主测断面各测点沉降值与沉降速率均未超出控制值。随着测点离隧道的距离变大，测点的沉降值逐渐变小，沉降主要影响距离在隧道外约10m范围。区间大断面隧道开挖过程中，位于双侧壁导坑隧道断面上方的测点受各导洞开挖影响，引起地层扰动，使得地表测点持续沉降。开挖面通过后地表沉降开始继续发展，直至大断面开挖面通过测点下方后15～20天沉降趋于稳定，最终沉降值为-17.01mm。开挖阶段造成的沉降约占测点总沉降量的3/4，测点处沉降未超过控制值。

6号线西延工程全线涉及双侧壁导坑法断面隧道三处，施工引起的地表变形小于控制值，但较马蹄形断面及交叉中隔壁断面隧道施工引起的地表变形偏大。结合双侧壁导坑法施工过程洞内外的巡视资料综合分析，6号线西延工程双侧壁导坑法隧道施工过程中，整体处于风险可控状态。

3.4 不同断面过渡施工风险控制技术

6号线西延工程区间隧道施工过程中，除起点—金安桥站区间部分采用明挖施工外，其余区间均采用矿山法施工。线路具有区间隧道长、断面变化多的特点，主要涉及马蹄形断面、交叉中隔壁法断面、双侧壁导坑法断面等。矿山法隧道施工过程中，断面变换部位属于施工风险控制的重点也是难点。本节将针对6号线西延工程施工过程中的马蹄形断面、交叉中隔壁法断面、双侧壁导坑法断面之间的转换过程的风险控制技术进行论述。

3.4.1 台阶法与交叉中隔壁法间过渡施工

1. 台阶法向交叉中隔壁法过渡

区间正线施工中，由区间正线向射流风机的施工或由区间正线向人防段施工时，涉及不同断面之间的过渡，即由标准马蹄形断面向交叉中隔壁法断面进行过渡。由标准马蹄形断面向交叉中隔壁断面过渡时，渐变段一般长5.0m，加高1.82m，与水平方向呈20°角，两侧各外扩1.2m。过渡部位结构平、剖面图如图3-16～图3-18所示。

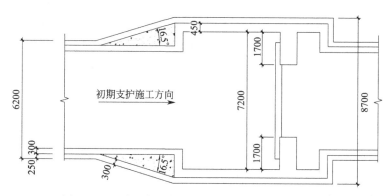

图 3-16 马蹄形断面向交叉中隔壁法断面过渡平面图

区间隧道在由标准马蹄形断面向交叉中隔壁法断面过渡开挖过程中，目前尚无统一的过渡方法。现场施工过程中，根据不同单位的施工经验，一般采用以下三种方案进行：

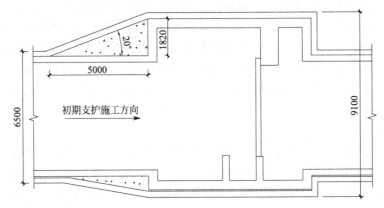

图 3-17　马蹄形断面向交叉中隔壁法断面过渡剖面图（一）

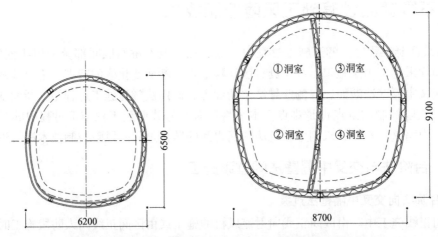

图 3-18　马蹄形断面向交叉中隔壁法断面过渡剖面图（二）

（1）由马蹄形断面上台阶开挖至过渡段临界面时进行封端，然后开挖①洞室。错开安全距离后，马蹄形断面下台阶开挖至过渡段临界面，进行封端，然后开挖②洞室。错开安全距离后，搭设平台进行③洞室开挖。错开安全距离后开挖④洞室，直至交叉中隔壁断面完成。

（2）由马蹄形断面上台阶开挖至过渡段时进行封端，然后开挖①洞室。错开安全距离后，马蹄形断面下台阶跟进至距离交叉中隔壁法断面 2m 左右时封端，然后开挖②洞室。错开安全距离后，由马蹄形断面下台阶作为施工平台开挖③洞室，然后开挖④洞室，直至交叉中隔壁法断面结束。

（3）由马蹄形断面上台阶开挖至过渡段临界面时，对上台阶进行封端，马蹄形断面提前加设临时仰拱，此后开挖①洞室。错开安全距离后，马蹄形断面下台阶跟进至临界面，封端后开挖②洞室。错开安全距离后利用临时仰拱作为施工平台开挖③洞室，然后开挖④洞室直至交叉中隔壁断面结束。

施工过程中，结合方案（1）、方案（2）、方案（3）施工过程及方式，通过现场总结、分析、对比，提出了一个新的过渡方案，即过渡方案（4）。方案（4）的施工方法主要为：由马蹄形断面上台阶开挖至过渡段临界面时，对上台阶进行封端，然后开挖①洞室，进尺一定安全距离后封端，开挖③洞室，进尺一定安全距离后封端，然后开挖马蹄形断面下台阶至临界面封端，开挖②洞室，随着①、②洞室推进，与③洞室错开安全距离后，恢复开挖③洞室，然后开挖④洞室，直至交叉中隔壁断面结束。

对各过渡方案优缺点对比分析可知，方案（1）在目前施工过程中最为常见，对风险控制及沉降控制也较好，但施工中，需增加搭设平台工序，一定程度上造成了工效浪费；方案（2）在施工过程中，由于马蹄形断面下台阶未封端至临界面部位，开挖②洞室时，会造成④洞室存在部分土体凸出临界面，出现"阳角"现象，增加了现场的安全风险隐患；方案（3）中，由于马蹄形断面提前增加了临时仰拱，降低了施工风险，节省了后续③洞室破封端面时搭设平台的工效，但增设临时仰拱造成了材料损耗，增加了成本；方案（4）中，利用改变工序的施工方法，有效解决了搭设施工平台浪费工效和架设临时仰拱增加成本的问题，施工过程中由于一般过渡段洞径相比人防段断面较小，且③洞室开挖距离较短，对风险控制处于可控范围。各过渡方案优缺点比选见表3-11。

马蹄形断面向交叉中隔壁法断面过渡施工方案比选　　　　　表3-11

方案	材料损耗	工效	施工风险	经济指标	备注
方案（1）	一般	低	低	一般	功效低，需增加平台搭设工序
方案（2）	一般	低	高	较好	下台阶作施工平台，风险大
方案（3）	大	一般	低	一般	增加临时仰拱，成本高，风险低
方案（4）	一般	高	低	较好	改变工序，工效高，成本低

2. 交叉中隔壁法向台阶法过渡

区间隧道人防段交叉中隔壁断面进入标准段马蹄形断面时，相应的断面形式由交叉中隔壁法向马蹄形台阶法转变，为大断面向小断面过渡。当交叉中隔壁断面开挖至衔接面时，施做堵头墙，堵头墙结构形式如图3-19所示。

当CRD法①导洞开挖至衔接断面处时，安装人防段断面格栅及①导洞内的马蹄形断面第一榀格栅，在两断面格栅间设置堵头墙，堵头墙厚300mm，采用Φ32注浆管，$L=2.0$m，间距500mm×500mm梅花形布置。采用Φ22mm钢筋，纵横向间距150mm双层布置，两层钢筋间梅花形布置Φ8@400×400mm拉筋。堵头墙主筋深入两侧格栅内，满足相关锚固长度要求，并与初支主筋焊接牢固，然后网喷混凝土封闭①导洞掌子面。

各洞室开挖时，开挖距离控制在5m以内，并及时施做初期支护，封闭成环。

当堵头墙全部施工完成后，开始破除开挖掌子面临时堵头墙，施工上台阶，上台阶施工3m后再破除下台阶临时堵头墙，然后上下台阶同时施做。

3.4.2　渡线段过渡施工

区间渡线段施工时，因断面较大，采用双侧壁导坑法断面施工。暗挖工程施工中，一般不采用大范围的由小断面过渡至大断面的过渡形式。针对双侧壁导坑大断面隧道，一般在最大断面处设置施工横通道，从横通道进大断面然后过渡至渡线段各个小断面施工。由大断面向小断面进行开挖时，必须将大断面用型钢进行封堵后才能进行小断面开挖。

由双侧壁导坑法大断面过渡至小断面施工时，需对大断面进行堵头墙封端施工，如图3-20所示。

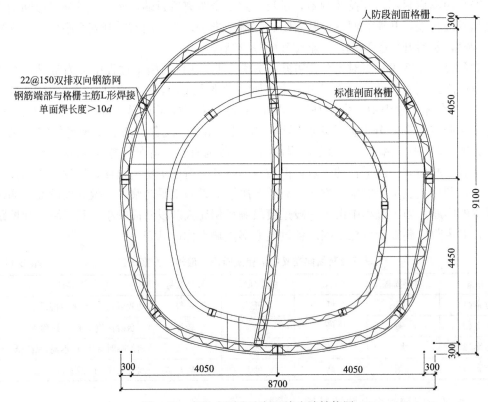

图 3-19 交叉中隔壁法断面堵头墙结构图

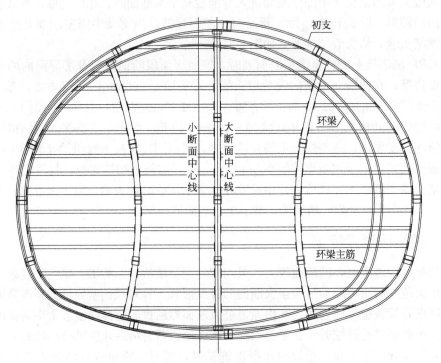

图 3-20 渡线段断面堵头墙封端施工示意图

（1）封堵墙横向采用 I22a 加固，竖向配置双排筋 $\Phi22@150$，除与工字钢焊接外，钢筋端部与外环格栅内主筋点焊，外主筋 L 形焊接，单面焊 $10d$。

（2）封堵墙初支外侧设单层 $\Phi6@150\times150$mm 钢筋网片。堵头墙外侧用 3m 长超前小导管进行水平注浆加固土体，小导管间距 500mm×500mm（梅花形布置）。

（3）各分洞到达堵头墙位置时，除施工堵头墙钢架外，另需架设小断面环梁以便实现变径过渡，环梁主筋除与工字钢和竖向钢筋焊接外，其端头与大断面环向格栅和中隔壁 L 形焊接，单面焊 $10d$。

（4）各分洞变径时，仅拆除当前分洞马头门范围内的工字钢和竖向钢筋，小断面环梁与小断面格栅的纵向连接筋 L 形焊接，单面焊 $10d$。

由渡线段向标准断面过渡时，其施工方法同渡线段大断面向小断面过渡的施工方法。

第4章

砂卵石地层地铁施工下穿
重要风险源施工风险控制技术

北京地铁6号线西延工程施工期间，共涉及风险工程629处，除自身风险工程外，还包括既有铁路、既有地铁、新建磁悬浮、既有高架桥、五环路、市政道路、跨线桥、市政管线（给水、燃气、污水、雨水、热力等）、既有河流等风险源。施工过程中，针对不同风险源采取了有针对性的应对措施，为地铁工程顺利施工提供保障。施工期间严格按照设计方案施工，加强过程的监测及巡视检查，发现隐患及时解决，充分发挥"信息化"施工优势，顺利通过各项风险源。本章主要结合北京地铁6号线西延工程各主要风险源的风险控制措施技术进行论述。

4.1 线路风险源概述

线路选定后，在初步设计阶段，需按照规范要求对线路风险源进行辨识和分级，针对工程自身风险和环境风险的客观条件确定其对应的风险等级。对于工程自身风险分为一级、二级和三级，对于环境风险分为特级、一级、二级和三级。在施工图设计阶段，结合风险源分级及设计方案、工程措施、工程地质及水文地质条件、周边环境条件及其变化等，对风险工程的风险等级可进行必要的调整。

4.1.1 工程自身风险的辨识与分级原则

工程自身风险辨识与分级宜根据工程规模、施工工法、结构形式、工程地质及水文地质条件等因素确定。具体分级可按明（盖）挖法结构的工程自身风险等级分级，矿山法结构的工程自身风险等级分级及盾构法结构的工程自身风险等级分级。

明（盖）挖法结构的工程自身风险分级宜以基坑开挖深度为基本依据，并根据基坑形式、工程地质及水文地质条件等进行修正。明（盖）挖法结构的工程自身风险分级宜符合表4-1的规定。

明（盖）挖法结构的工程自身风险分级表 表4-1

自身风险等级	基本分级条件	分级修正依据
一级	地下四层或开挖深度超过25m（含25m）	1. 对以下情况，可上调一级： (1)基坑结构平面或断面复杂； (2)开挖宽度超过35m；

自身风险等级	基本分级条件	分级修正依据
二级	地下三层或开挖深度15～25m(含15m)	(3)存在偏压情况; (4)地质条件复杂; (5)基坑工程周边环境条件复杂; (6)邻近河湖渠施工;
三级	地下一～二层或开挖深度 5～15m(含5m)	(7)基坑结构底板标高位于承压水位以下,且不具备降水条件。 2. 对以下情况,可下调一级: (1)采用盖挖逆作法施工; (2)矿山法、盾构法工程的施工竖井类基坑

注:风险等级修正时,最多只能调整一个等级。

矿山法结构的工程自身风险分级宜以隧道的结构层数、跨度、断面形状及大小为基本依据,并根据工程地质及水文地质条件、隧道空间状态等进行修正。矿山法结构的工程自身风险分级宜符合表4-2的规定。

矿山法结构的工程自身风险分级表　　　　　　　　表 4-2

自身风险等级	基本分级条件	分级修正依据
一级	地下双层及以上的暗挖车站和类似结构;开挖宽度超过 16m 的单层隧道;开挖高度超过 18m 的单跨隧道	对以下情况,可上调一级: (1)暗挖结构平面或断面复杂; (2)暗挖受力体系转换多; (3)暗挖坡度大;
二级	开挖宽度在 7～16m(含 16m)的单层隧道;较长范围处于非常接近状态(隧道净距 $L \leqslant 0.5B$)的并行或交叠区间隧道	(4)覆土厚度小; (5)相邻暗挖隧道间距离近; (6)群洞效应显著; (7)采用平顶直墙工法;
三级	一般断面矿山法区间隧道或同体量隧道;较长范围处于较接近状态(0.5B<隧道净距 $L \leqslant 1.5B$)的并行或交叠隧道	(8)结构进入承压水层,且不具备降水条件; (9)采用盾构扩挖方式形成永久结构的暗挖工程; (10)地质条件复杂

注:风险等级修正时,最多只能调整一个等级。B 代表隧道宽度。

4.1.2　环境风险的辨识与分级原则

环境风险分级宜根据周边环境设施的重要性、与城市轨道交通工程结构的接近程度、周边环境设施的状况,依据轨道交通建设对环境设施的影响程度大小综合确定。环境风险分级宜符合表4-3的规定。

环境风险分级表　　　　　　　　表 4-3

环境设施重要性	接近关系				分级修正依据
	接近	较接近	一般	不接近	
极重要	特级	特级	一级	三级	1. 当地质条件复杂或环境设施现状安全性较差时,可上调一级; 2. 当采用盾构法施工、环境对象在建时与新建城市轨道交通工程设计有过相关配合或预留了一定穿越条件等情况时,可下调一级; 3. 桥梁桩基施工时可下调一级
重要	一级	一级	二级	三级	
较重要	二级	二级	三级	—	
一般	三级	三级	—	—	

周边环境设施的重要性依据环境设施的类型、功能、使用性质、特征、规模等综合确定，并分为极重要、重要、较重要、一般四级。环境设施重要性分级宜符合表 4-4 的规定。

环境设施重要性分级表 表 4-4

环境重要性等级	基本条件	修正依据
极重要	既有轨道交通线、铁路；国家级保护性文物古建；国家城市标志性建筑；机场跑道及停机坪等	对以下情况可上调一级： (1)环境对象有特殊保护要求； (2) 新建城市轨道交通结构下穿环境对象； (3)河湖与地下水有水力联系； (4)邻近存在季节性水位差的河湖水体且可能在汛期施工时
重要	市级保护性文物古建；近代优秀建筑物，重要工业建筑物，10 层以上高层或超高层民用建筑物，重要地下构筑物；直径大于 0.6m 的煤气或天然气总管，市政热力干线，雨、污水管总管；交通节点的高架桥、立交桥主桥；城市快速路，高速路；500kV 及以上高压线；重要河湖等	
较重要	较重要工业建筑物，7~9 层中高层民用建筑物，较重要地下构筑物；直径大于 0.6m 的自来水管总管；城市高架桥、立交桥主桥连续箱梁；110~500kV 高压线；城市主干路，次干路；较重要河湖等	
一般	一般工业建筑物，1~6 层民用建筑物，一般地下构筑物；直径在 0.3~0.6m 的自来水管刚性支管，直径 0.3~0.6m 的自来水柔性支管，煤气或天然气支管，市政热力干线、户线，雨、污水管支管；立交桥主桥简支 T 梁、异形板、立交桥匝道桥，人行天桥；城市支路，人行道，广场；一般河湖等	

周边环境设施与新建城市轨道交通结构的接近程度宜用接近关系标识，分为接近、较接近和一般三级。环境设施与新建城市轨道交通结构的接近关系分级宜符合表 4-5 的规定。

环境设施与新建城市轨道交通结构的接近关系分级表 表 4-5

施工方法	接近关系		
	接近	较接近	一般
明(盖)挖法	基坑周边 0.4H(含 0.4H)范围内	基坑周边 0.4~0.6H(含)范围内	基坑周边 0.6~1.0H(含)范围内
矿山法	隧道正上方 0.7B(含)范围内；隧道外侧 0.5B(含)范围内	隧道正上方 0.7~1.5B(含)范围内；隧道外侧 0.5~1.0B(含)范围内	隧道正上方>1.5B；隧道外侧 1.0~2.0B(含)范围内
盾构法	隧道正上方 0.5D(含)范围内；隧道外侧 0.3D(含)范围内	隧道正上方 0.5~1.0D(含)范围内；隧道外侧 0.3~0.7D(含)范围内	隧道正上方>1.0D；隧道外侧 0.7~1.0D(含)范围内
高架结构	桩基外侧 1d(含)范围内	桩基外侧 1~3d(含)范围内	桩基外侧 3~5d(含)范围内；上跨

注：H——基坑开挖深度，B——矿山法隧道毛洞设计宽度，D——盾构法隧道设计外径，d——桥梁桩径。

4.1.3 北京地铁 6 号线西延工程线路风险工程分布情况

根据风险工程分级原则，对北京地铁 6 号线西延工程涉及的风险工程进行分级，全线共涉及三级以上风险工程 629 处，其中特级风险工程 4 处，一级风险工程 319 处，二级风险工程 248 处，三级风险工程 58 处。4 处特级风险工程分别为：廖公庄站—田村站区间下穿大台铁路桥，廖公庄站—田村站区间下穿 101 铁路桥，苹果园站下穿既有地铁 1 号线苹果园站，金安桥站—苹果园站区间下穿大台铁路等。其他风险源中包括区间下穿西五环主干道、西黄村桥、田村跨线桥、永定河引水渠、民房，以及沿线大量的雨水、污水、上水、燃气等市政管线工程。具体各类风险源分布情况见表 4-6。

6 号线西延工程风险工程分级情况分布统计表 表 4-6

风险工程级别	特级风险工程		一级风险工程								二级风险工程			三级风险工程		
类型	铁路	既有线	自身	铁路	既有线	桥梁	建筑物	管线	道路	河湖	自身	建筑物	管线	自身	建筑物	管线
风险总数	3	1	33	10	2	8	63	196	6	1	97	25	126	43	5	10
合计	4		319								248			58		

4.2 风险控制措施

6 号线西延工程全线涉及风险工程 629 处，依据风险源类型进行分类，全线共涉及 6 站 7 区间，共有自身风险工程 173 处；铁路风险源 2 个，风险工程 13 处；既有线风险源 1 个，风险工程 3 处；桥梁风险源 3 个，涉及风险源 8 处，建筑物风险源 52 个，风险工程 93 处，管线风险源涉及雨水、污水、燃气、上水、热力五类，共涉及风险工程 332 处，道路风险源 3 个，涉及风险工程 6 处；河湖风险源 1 个，风险工程 1 处。

4.2.1 砂卵石地层通用性风险控制措施

结合 6 号线西延工程砂卵石地层特点，针对风险工程穿越时，采用的一般性风险控制措施为超前深孔注浆或超前小导管注浆加固方式。

1. 深孔注浆加固措施

为保证施工过程中掌子面及拱顶地体稳定，确保各类风险源及结构自身安全，采用深孔注浆方式加固车站拱部地体，为开挖施工创造良好的条件。深孔注浆一般采用二重管钻机实施钻注一体化分段式注浆施工。二重管钻机注浆适用于任意角度的注浆孔注浆，其钻杆为特制二重管，钻杆头部位有混合器，在钻进至设计位置后，可立即利用钻杆实施注浆。

（1）施工机具

6 号线西延工程选用的二重管钻机为 TXU-75A，适用于卵石层钻孔注浆的钻机，可以进行垂直孔、斜孔及水平孔的钻孔及注浆施工；压浆泵选用 SYB-60/60 型注浆泵、配套拌浆桶等。

（2）注浆范围

结合设计图纸要求，6 号线西延工程车站穿越风险源过程中，其深孔注浆加固范围一般为拱顶初支外 1.5m 范围，如图 4-1 所示。

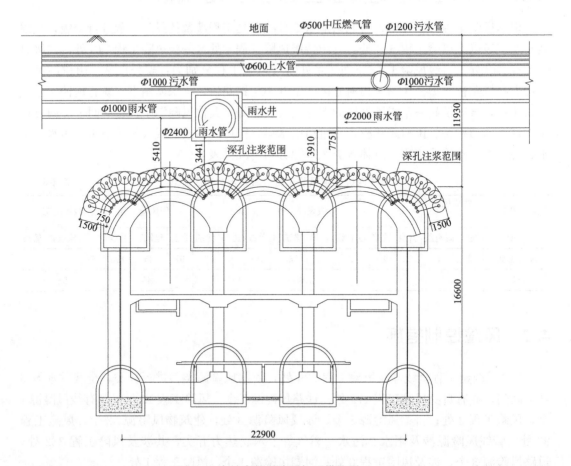

图 4-1 车站穿越风险源加固措施图（mm）

（3）止浆墙施工

在注浆孔钻孔之前，先在导洞上台阶施做止浆墙，在掌子面前方打设 2m 长 Φ22 钢筋锚杆，止浆墙厚 300mm，采用 C20 喷射混凝土，布置双层钢筋网 Φ6.5@150×150mm。根据风险源位置合理选择止浆墙位置，防止钻孔施工误差造成风险源的破坏。

（4）注浆试验

止浆墙施做完毕后，在止浆墙上沿拱顶 180° 范围钻孔，注浆孔最大孔深 12m，有效注浆长度约 10m，搭接 2m，浆液扩散半径 0.5m，浆液配比水灰比 1：1～1.5：1（重量比）。

在正式注浆前，进行注浆试验，通过试验调整注浆压力、浆液扩散半径等注浆参数，并确定注浆孔布设范围。

注浆口钻孔前先对导洞拱部及边墙初支背后回填注浆，防止钻孔施工造成隧道失稳以及孔口出现涌水现象，注浆压力控制在 0.2～0.5MPa，到达压力后持续 30～60s 可停止注浆，待浆液凝固达到强度后方能进行钻孔施工。

（5）主要注浆施工参数

注浆管直径宜为 Φ46mm，浆液的最大扩散半径 0.6m。根据地质情况，圆砾卵石及中粗砂层渗透系数约 60～120m/d，注浆压力 0.3～1MPa。根据现场试验调整浆液凝结时间，一般控制在 1～5min。有效注浆长度约 10m，钻杆前进幅度 15～20cm。

深孔注浆法的技术指标如表 4-7 所示：

深孔注浆技术指标参数统计表

表 4-7

内容	标准	内容	标准
孔位偏差	±20mm	注浆压力	±5%
孔距偏差	±100mm	注浆量	±10%
钻杆角度偏差	<1%	回抽幅度	±20cm

（6）注浆施工

定孔位：根据每眼注浆口位置、每环注浆管末端距注浆口垂直高度及注浆扩散范围确定钻机钻杆角度、钻孔长度及钻杆偏移角度，定孔位偏差不得大于±20mm，钻孔角度偏差不得大于 1°。

钻机就位：钻机按照指定位置就位，调整钻杆角度。对准孔位后，钻机不得移位。

钻进成孔：钻孔时，密切观察钻孔进度，如发生涌水情况，应立即停止钻孔，先进行注浆止水，并确认止水效果后，方可停止注浆，向前继续钻孔施工。

浆液配比：采用经计量准确的计量工具，按照浆液配比配料，根据地质情况选用浆液类型。粗砂及砂砾（卵）石层采用单液水泥浆，水泥浆液水灰比一般为 1∶1～1.5∶1，并掺入适量缓凝剂，水泥采用 P·O 42.5 普通硅酸盐水泥，拌和水采用饮用水。

注浆：根据地质情况，可选择前进式或回抽式注浆，严格控制钻杆注浆速度，每次前进或回抽不大于 200mm。根据地质情况控制注浆压力。注浆还应密切关注浆液流量，当出现压力突然上升、下降等异常情况时应立即停止注浆，查明异常原因，采取必要的措施（调节注浆参数、移位、打斜孔等方式）方可继续注浆。回抽出后的钻杆应及时清洗干净，以备后用。注浆完成后，应采用措施保证注浆不溢浆、跑浆。

注浆结束标准和注浆效果评定：注浆压力逐步升高，当达到设计终压并继续注浆 5min 以上。

注浆顺序：注浆施工顺序为先注外圈，后内圈，再补注外圈，同一圈由下而上间隔施做。

（7）施工注意事项

为保证注浆带搭接效果，保证注浆范围不小于设计范围，每环注浆管末端位置注浆管长度应大于实际计算位置注浆管长度 50cm。

注浆施工过程中应根据地质情况计算每次理论注浆量，实际注浆量与理论注浆量进行对比，如相差较大应分析原因，采取维持终压，同时增加注浆时间等措施保证浆液填充率。

施工前仔细研究设计图纸，根据设计要求的注浆加固范围、浆液扩散半径和终孔注浆管间距及本方案中注浆孔布置原则，精确计算每孔注浆管长度、角度及注浆量，应根据现场实际情况确定注浆压力、注浆配比及浆液凝结时间，确保注浆效果。

（8）注浆效果检查

注浆完成后，必须在分析资料的基础上进行至少 3 处注浆效果检查，采取钻孔取芯观察浆液填充情况。注浆结束后注浆钻孔及检查孔应封填密实。

2. 小导管注浆加固措施

除穿越较高等级风险工程时采用深孔注浆外，穿越一般风险工程时采用小导管注浆作为加固措施的较多。车站小导洞及主拱初支拱顶采用超前小导管注浆加固地层。注浆管选用 $DN25$、壁厚 $t=3.25$mm 普通水煤气花管，每根长度 2m，纵向每榀打设，环向间距 0.3m，外插角 10°～15°。

（1）测量定位

小导管孔位按设计图纸布置，采用全站仪和钢尺测放出小导管钻孔位置。

（2）小导管的制作

小导管采用 $DN25$、$t=3.25$mm 普通水煤气管制成，所采用的钢管应直顺，长度为 2.0m。注浆管管头一端做成 100mm 圆锥形，在距另一端 100mm 处焊接 Φ6 钢筋箍。距钢筋箍一端 1000mm 内不开孔，剩余部分沿管壁间隔 150mm 钻溢浆孔，呈梅花形布设，孔位互成 90°，孔径 6～8mm，具体如图 4-2 所示。

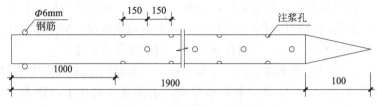

图 4-2　小导管加工示意图

（3）小导管钻孔及安设

打设小导管时采用风钻引孔，向上倾斜 10°～15°打设，孔径 30mm，孔眼深度应大于导管长度。成孔后用吹风管将孔内砂石吹出或用掏勺将砂石掏出，然后从格栅钢架腹部穿过插入锚管，并将锚管尾部焊接在已架好的格栅钢架上，锚管外露 10cm 以利于安设注浆管路。如果插入困难，可用带冲击锤的风钻顶入。安设好锚管后，为防止注浆时孔口漏浆，沿孔口周边喷射 8～10cm 厚 C20 混凝土或在周围缝隙用塑胶泥封堵严密，并用棉纱将孔口堵塞。封闭 2h 后，开始注浆。

（4）小导管注浆

根据工程地质情况，粗砂及砂砾（卵）石层采用单液水泥浆，注浆采用"注浆一段、开挖一段、循环推进"方式，注浆参数通过现场试验确定。水泥浆液水灰比一般为 1：1～1.5：1，并掺入适量缓凝剂。水泥采用 P·O 42.5 普通硅酸盐水泥，施工前应严格按照设计配合比进行下料。下料误差：主料不得大于 5%，外掺剂不大于 1%，浆液应随搅随用，并在初凝前用完。

注浆开始前，正确连接好注浆管路，并进行压水或压稀浆试验，以检查管路的密封性和地层的吸浆情况。注浆速度一般每根锚管控制在 30L/min 以内，注浆压力控制在 0.2～0.5MPa。注浆过程中，要经常观察工作面及管口情况，发现漏浆和串浆要及时进行封堵。注浆结束后将管口封堵，以防浆液倒流管外。

4.2.2　穿越工程风险控制措施

6 号线西延工程施工过程中，风险源众多，主要由既有铁路、既有地铁、桥梁、建筑物、市政管线等。根据穿越风险源的不同，采用了针对风险源特点的风险控制措施，具体风险措施如下。

4.2.2.1 穿越铁路的风险控制措施

6号线西延工程总共涉及穿越铁路风险源2个，即101铁路和大台铁路。涉及特级风险工程3处，为廖公庄站—田村站区间下穿101铁路桥和大台铁路桥，金安桥站—苹果园站区间下穿大台铁路，其余穿越铁路风险工程为各区间及车站邻近既有大台铁路。针对新建工程穿越既有铁路施工的风险等级不同，采取了不同程度的风险控制措施。

针对涉及穿越铁路的风险工程，在新建工程施工过程中，采取洞内注浆+临时仰拱，洞外施做轨道防护的风险控制措施，针对邻近施工的铁路风险工程，采用邻近侧深孔注浆的风险控制措施。

1. 铁路线路加固

根据新建工程穿越既有铁路线路的施工影响范围，在该范围内对既有铁路采用3-5-3扣轨梁组成线路加固系统。扣轨梁所用U形螺栓用$\Phi22$圆钢制成，两端M22螺纹，螺纹长度80mm，每件包括四个螺母。

本线路加固系统按照列车慢行45km/h的要求进行设计

3-5-3护轨加固平面、横剖面、侧面如图4-3、图4-4所示。

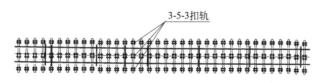

图4-3　3-5-3护轨加固形式平面示意图

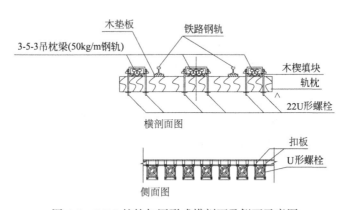

图4-4　3-5-3护轨加固形式横剖面及侧面示意图

2. 隧道洞内加固

区间施工至下穿铁路时，洞内采取深孔注浆+临时仰拱的加固措施，区间隧道施工至加固设计起点位置施工止浆墙，施工时先打设$\Phi22$钢筋锚杆，间距0.5m×0.5m，长度2m，然后布置双层$\Phi6@150×150$mm钢筋网片，最后喷射300mm厚C25混凝土。

（1）深孔注浆加固长度为设计起点至终点位置，下穿铁路范围全长均采用深孔注浆加固。

（2）加固范围为拱顶以下 0.5m，拱顶以上 1.5m，加固后无侧限抗压强度 0.5～0.8MPa，具体可根据现场地质条件确定，注浆加固后土体的渗透系数不低于 1×10^{-6} cm/s。

（3）注浆压力 0.8～1.0MPa，具体根据现场地层及试验确定。

（4）设计每循环注浆加固长度 12m，预留 2m 作为下一循环止浆墙。

（5）试验段施工：深孔注浆采用 4～5 个循环作为试验段。深孔注浆加固如图 4-5 所示。

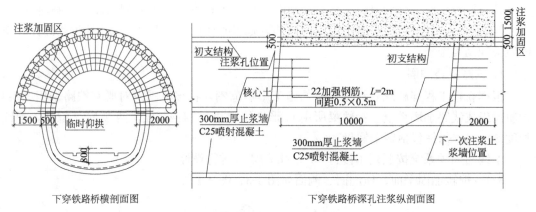

下穿铁路桥横剖面图　　　　　　　　　　下穿铁路桥深孔注浆纵剖面图

图 4-5　深孔注浆加固示意图

（6）注浆试验段施工：深孔注浆在穿越铁路前选择 4～5 个循环作为试验段，根据试验段确定深孔注浆每循环加固长度、开挖长度，注浆压力、注浆量等参数，确保铁路正下方深孔注浆加固效果。

4.2.2.2　穿越既有地铁的风险控制措施

6 号线西延工程全线涉及穿越既有地铁 1 处，为 6 号线西延工程苹果园站穿越既有 1 号线苹果园站工程。穿越过程采取控制措施为采用深孔注浆加固上导洞侧墙及既有车站底板外 1.5m 地层、下导洞全断面及 1.5m 外地层，注浆控制措施同穿越既有铁路风险工程注浆控制措施。在进行注浆的同时，对既有线下方施做"丝杠＋工字钢梁"形式进行加固，施工过程中加强对既有线的监测及巡视，发现异常及时采取应急措施。

6 号线西延工程苹果园站下穿既有线施工时采取安装"丝杠＋工字钢梁"来支顶既有结构，其布置形式如图 4-6 所示。

具体施工工序如下：

（1）丝杠在上层边导洞间距 1.6m 布置一道（同边桩间距），上层中导洞间距 2m/2.1m（钢管柱之间布设两道）。

（2）待边桩钢筋笼绑扎及钢管柱安装完成后，安装丝杆底部预埋件，浇筑混凝土。预埋件采用 200mm×200mm×10mm，钢板底部焊接 9 根 480mm 长 $\Phi16$ 钢筋作为锚筋，钢筋间距 60mm，距钢板周边边缘 40mm。

（3）上层中导洞钢管柱之间丝杠基础采用 C30 素混凝土支墩，长×宽×高为 400mm×400mm×1000mm，浇筑混凝土支墩时预埋丝杠底部预埋件。

（4）安装工字钢横梁：

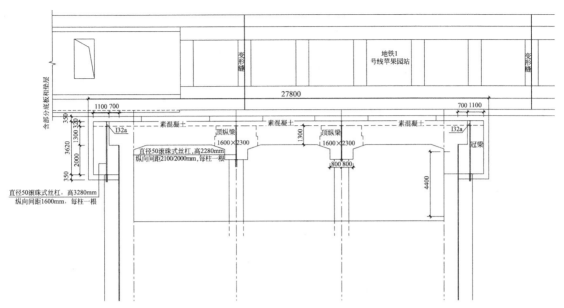

图 4-6　丝杠＋工字钢梁布设形式示意图

1）采用 I20a 制作门形框架作为千斤顶持力基础，门形框架由三部分组成，包括底部配重工字钢长 1.0m，每个竖向支腿各安装一个；竖向两侧支腿长 2.6m，横向间距 1.5m；两侧支腿上部安装一道横梁作为千斤顶支座。门形框架如图 4-7 所示。

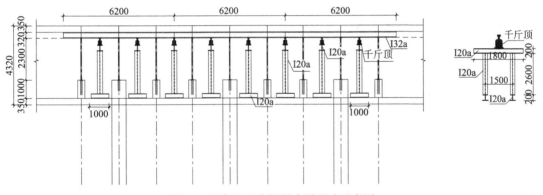

图 4-7　丝杠＋工字钢梁布设形式示意图

2）必须保证门形框架底部小导洞初支面平整，凹凸不平处进行抹面处理。

3）采用安装钢管柱时预留吊钩辅助人工方式吊装工字钢（I32a）横梁贴紧小导洞初支面，保证工字钢安装位置准确性。

4）横梁吊装就位后，采用千斤顶施加预应力对横梁起临时支撑作用。

5）在边桩及中柱顶面钢板位置设置轴力计，对丝杠进行轴力监测，确定丝杠与 I32a 工字钢密贴，与既有主体结构密贴，轴力计的控制标准为 $0.4kN \leqslant$ 轴力 $\leqslant 4kN$。

6）安装丝杠并将丝杠与工字钢横梁焊接为整体，调节丝杠顶紧既有架构后撤销千斤顶临时支撑。丝杠上部焊接钢板与横梁满焊，钢板截面尺寸为 200mm×100mm×10mm。

7）绑扎冠梁和顶纵梁钢筋，并浇筑混凝土，注意保护丝杠及工字钢纵梁。型钢安装所需高度 320mm，该高度范围内顶板采用素混凝土结构，结构内设置单层防裂钢筋网片Φ6@150×150mm，下部采用钢筋混凝土结构。

8）混凝土发生收缩，工字钢纵梁外露并部分持力，通过预埋注浆管多次对缝隙进行高压补浆。根据监测情况，适时进行导洞间土体的开挖、支护，型钢纵梁进一步持力，弥补缝隙带来的既有线沉降。

9）为保证 I32a 型钢两侧混凝土浇筑的密实度，可将型钢沿纵向按一定距离进行开孔，具体开孔数量根据现场实际情况考虑。

10）顶纵梁上部回填质量保证措施：顶纵梁及上部回填区域同步浇筑完成后，为保证上部回填密实，需对顶纵梁与导洞间缝隙进行封堵密实。采用多次高压补浆顶纵梁与既有结构之间的间隙，使之密实，并永久密贴持力。

4.2.2.3 穿越既有桥梁的风险控制措施

1. 车站穿越桥梁风险控制措施

车站穿越桥梁风险工程主要涉及廖公庄站邻近田村跨线桥桥桩风险工程。穿越过程中，采取小导洞深孔注浆方式对地层进行超前加固。

车站在小导洞施工过程中，始终超前掌子面 5m 进行探测，施工遵循"管超前、严注浆、短开挖、强支护、快封闭、勤量测"十八字方针，坚持先护后挖原则。

车站主体旁穿田村路跨线桥桥桩，在邻近桥桩侧的下小导洞拱部及边墙采用洞内深孔注浆加固措施对桥桩进行保护。

深孔注浆范围为暗挖初支外 2.5m，注浆压力控制在 0.5～1.0MPa，扩散半径 0.5m，注浆浆液为水泥—水玻璃浆，深孔注浆施工每循环长度 12m，搭接 2m，布孔间距为 40mm×40mm，加固范围如图 4-8 所示。

2. 区间穿越桥梁风险控制措施

区间穿越桥桩工程有两处，分别为西黄村站—廖公庄站区间穿越西黄村桥，金安桥站—苹果园站区间穿越阜石路高架桥。穿越桥梁工程时，采取的加固措施为洞内深孔注浆＋临时仰拱。深孔注浆范围为初支内 0.5m 至初支外 1.5m，穿越桥桩前设置注浆试验段以确定注浆压力，避免因注浆压力过大对桥梁产生不利影响，扩散半径 0.5m，注浆范围为整个影响区，注浆浆液为水泥—水玻璃浆，深孔注浆施工每循环长度 12m，搭接 2m。加设临时仰拱范围与注浆加固范围一致。区间穿越桥梁加固形式如图 4-9 所示。

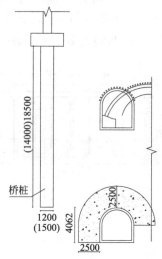

图 4-8 车站穿越桥桩加固形式示意图

4.2.2.4 穿越既有建筑物的风险控制措施

1. 车站穿越建筑物风险控制措施

6 号线西延工程穿越建筑物风险工程主要为田村站、西黄村站、苹果园南路站、苹果园站等车站邻近既有建筑物。在车站邻近建筑物风险工程施工中，主要采取措施为车站开挖初支轮廓线内、外侧深孔注浆。

在邻近建筑物一侧的小导洞上方进行深孔注浆加固地层，加固完成后方可进行开挖施

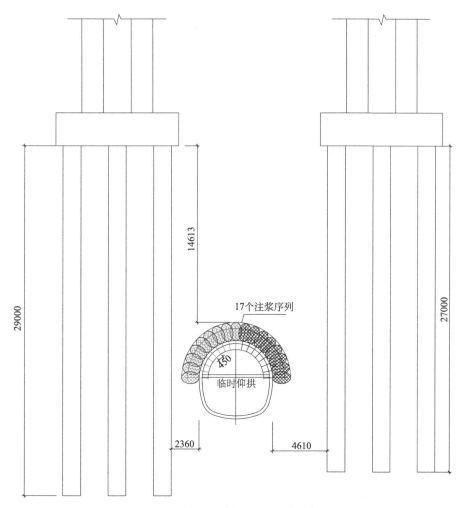

图 4-9　区间穿越桥梁加固形式示意图

工（图 4-10）。具体加固措施如下：

（1）深孔注浆纵向 12m 为一循环，设置 2m 止浆墙。止浆墙厚度为 0.3m，采用 C20 喷射混凝土，并设双层 Φ6@150×150mm 钢筋网片。

（2）采用后退式注浆，注浆浆液为水泥—水玻璃双液浆，扩散半径为 0.5m。

（3）注浆压力控制在 0.8～1.0MPa。

（4）加固范围为初支结构外 1.5m、初支结构内 0.5m。保证注浆后土体加固强度连续均匀，无侧限抗压强度 0.5～0.8MPa，具体可根据现场地层条件确定。

2. 区间穿越建筑物风险控制措施

（1）区间穿越建筑物施工前，应查明既有建筑物的结构特征、基础形式、埋深及现状等，对已有裂缝和破损情况应做好现场标记并记录在案。

（2）采用深孔注浆从洞内加固区间结构与房屋基础间的土体，具体措施为：

1）深孔注浆前需要在上台阶核心土范围外的掌子面设置止浆墙，厚度为 300mm，采用 C20 喷射混凝土，并设双层 Φ6@150×150mm 钢筋网，对于第一道止浆墙须另采用型

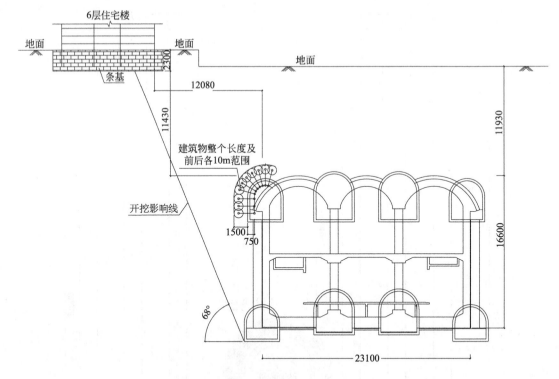

图 4-10　车站穿越建筑物加固形式示意图

钢支撑保证稳定，支撑形式同临时仰拱。

2）注浆范围径向为拱顶以上 1.5m，拱顶以下初支结构内 0.5m。

3）注浆压力可控制在 0.8～1.0MPa，穿越建筑物前设置试验段，根据试验段施工及监测情况确定注浆参数。

4）浆液采用水泥—水玻璃双液浆，扩散半径 0.5m，注浆孔在初支内侧的环向中心间距为 450mm。

5）开挖过程中掌子面若遇到砂层需及时进行注浆加固，保证安全。

6）开挖过程中，增设临时仰拱，措施范围与深孔注浆范围相同。

（3）侧穿该建筑物的施工步骤为：先施工远离既有建筑物侧区间线路，待该线路初支施工通过建筑物 10m 后再施工邻近侧线路。

（4）及时进行初支和二衬背后注浆，严格控制注浆压力，必要时进行多次补浆。

（5）施工过程中加强建筑物的监测和巡视，及时反馈信息，根据监测结果及时调整施工参数，确保建筑物安全。

（6）应做好相应的应急施工预案，并建立评估及预警机制，一旦超出预警值，采取如下应急预案：地面注浆加固地层；人员暂时撤出。

（7）在施工过程中严格遵循"管超前、严注浆、短开挖、强支护、快封闭、勤量测"十八字方针。

区间穿越建筑物风险控制措施如图 4-11 所示。

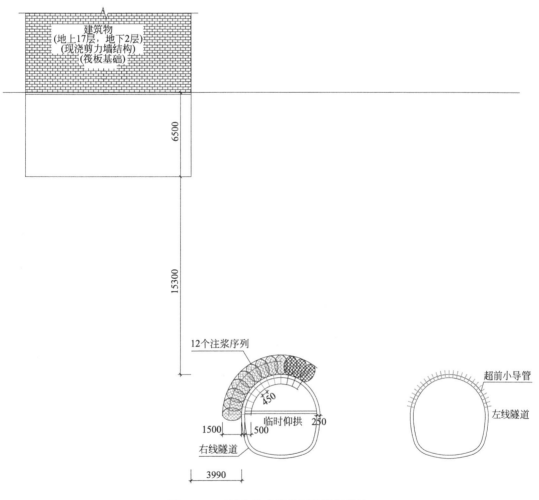

图 4-11　区间穿越建筑物风险控制措施

4.2.2.5　穿越既有市政管线的风险控制措施

6 号线西延工程穿越的市政管线主要有上水管、雨水管、污水管、燃气管、热力管等。根据不同部位，采取的措施不同。主要措施为深孔注浆及小导管注浆加固施工。以下就典型穿越管线风险工程的控制措施进行论述。

1. 车站穿越管线风险控制措施

6 号线西延工程车站普遍采用负二层为站台层，负一层为站厅层的形式进行设置。车站埋深较大，穿越管线时，距离管线更近。车站穿越管线时采用风险控制措施为：

（1）积极与相关产权单位联系，对管线现状进行核查，确认管线的结构形式、实际标高与设计图纸是否相符，确定市政管线的使用情况现状，分析相互之间的影响，对于存在渗漏性的雨污水管线，宜针对性采取管线内衬措施。

（2）施工过程中严格执行暗挖"十八字"方针，确保暗挖工程安全。

（3）下穿雨、污水等有水管线要超前探测。发现地层残留水较大时，及时封闭掌子面，对管线周围地层采取深孔注浆，并打设引流管将水导出后再向前施工。

（4）下穿段加强超前注浆，严格控制注浆压力及方量，确保注浆效果。

（5）及时进行初支背后回填注浆，严格控制注浆压力，必要时进行多次补充注浆。

（6）施工开始前完成管线监测项目初始数据的采集工作，施工过程中加强管线沉降及变形监测，信息化指导施工；数据变化异常时，立即停止施工，查明原因后立即采取应对措施，确保管线安全后再行施工。

（7）制定应急预案，并配备充足的应急抢险物资。加强过程巡视，一旦发生险情，立即启动应急预案。

车站穿越市政管线风险控制措施如图 4-12 所示。

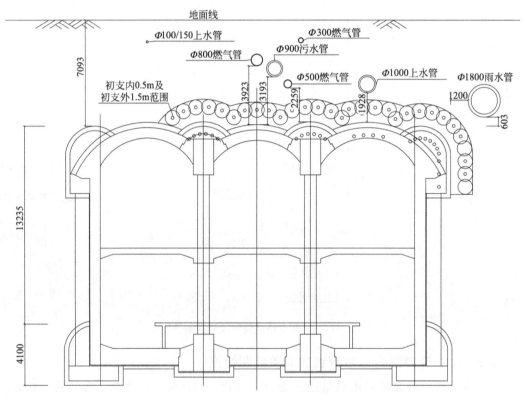

图 4-12　车站穿越市政管线风险控制措施

2. 区间穿越管线风险控制措施

区间穿越市政管线时，因区间埋深较车站大，根据市政管线类型及埋深的不同，采取小导管注浆或深孔注浆方式进行风险控制。具体措施同车站穿越管线风险控制措施，其加固断面示意图如图 4-13 所示。

4.2.2.6　穿越既有河湖的风险控制措施

穿越河湖工程施工前应调查河湖储蓄水量及水量变化情况，河湖水体与地下水的水力联系，分析顺利穿越的可靠性。对于含水量较大的河湖工程，一般采取河底铺衬方式，减少河湖水体与地下水的水力联系，以实现顺利穿越。对于 6 号线西延工程而言，全线穿越河湖工程一处，为田村站——一期起点区间穿越永定河引水渠风险工程。由于引水渠季节性

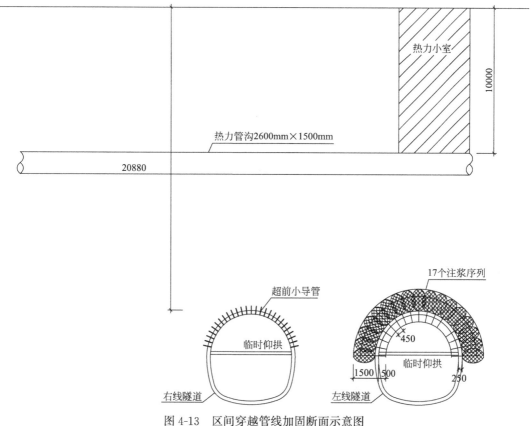

图 4-13　区间穿越管线加固断面示意图

含水，在穿越过程中选择无水季进行穿越，同时对洞内施做深孔注浆＋临时仰拱的加固方式，以确保地层的稳定。具体的风险控制措施如下：

（1）穿越段拱部开挖前必须进行超前探测，发现地层含水量较大时应及时封闭掌子面，采用深孔注浆进行堵水和地层加固。

（2）如果引水渠里有水且不能采用降水施工时应深孔注浆进行堵水。注浆范围为结构外 2m，引水渠前后 10m。具体措施为：

1）深孔注浆前需要在上台阶核心土范围外的掌子面设置止浆墙，厚度为 300mm，采用 C20 喷射混凝土，并设双层 $\Phi6$ 钢筋网。

2）注浆范围为拱顶以下 0.55m，拱顶以上 2.0m，保证注浆后土体加固强度连续均匀，无侧限抗压强度 0.5～0.8MPa。

3）注浆压力可控制在 0.8～1.0MPa，实施过程中根据注浆试验段获取的注浆参数确定。

4）浆液采用水泥—水玻璃双液浆，扩散半径 0.5m。

5）开挖过程中掌子面若遇到砂层需及时进行注浆加固，保证安全。

6）注浆管直径 46mm，壁厚 3mm，布管间距 500mm；注浆时在不改变地层组成的情况下，使颗粒间的空隙充满浆液并使其固结，达到改良土层性状的目的。其注浆特性是双液浆快速使地层粘结强度及密度增加，起到加固作用。

7）注浆过程的布孔、浆液配比、注浆压力、扩散半径等应根据现场试验获得参数并优化，保证注浆加固范围及加固效果。

8）开挖过程中，采用I16工字钢作为支撑的临时仰拱，以确保洞内结构的稳定，减少洞内外的变形量。

（3）及时进行初支和二衬背后注浆，严格控制注浆压力，进行多次补浆。

（4）施工过程中加强巡视和监测，及时反馈信息，根据监测结果及时调整施工参数，确保安全。

（5）在施工过程中严格遵循"管超前、严注浆、短开挖、强支护、快封闭、勤量测"十八字方针。

区间穿越河湖风险控制措施如图4-14所示。

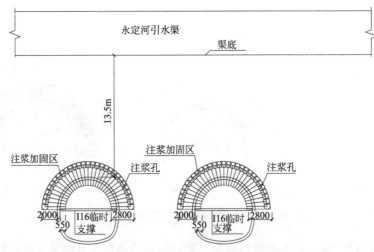

图4-14 区间穿越河湖风险控制措施

4.3 风险控制效果评价

风险工程控制效果评价依据风险工程种类的不同，其评价方式及原则不同，分为自身风险分析与评价和环境风险分析与评价两类。

4.3.1 工程自身风险的控制效果评价

工程自身风险控制效果分析与评价主要针对工程自身风险为一级和二级的工程进行。工程自身风险控制效果分析与评价可采用核查设计计算成果、工程类比分析、专家评议等方法，必要时辅以理论分析和数值模拟等方法予以验证。同时工程自身风险控制效果分析与评价应结合设计方案及相关工程措施的安全性、合理性和可实施性等进行。工程自身风险控制效果分析与评价应重点分析风险发生的主要因素、影响范围与影响程度，分析施工过程中的控制效果，是否发生工程风险事件或事故，以及风险事件或事故的类型、位置和工序，并给出相应分析意见及建议。

在对工程自身风险的控制效果评价时，根据地铁工程施工方法的不同，分为明（盖）

挖法结构自身风险工程控制效果的分析及评价，矿山法结构自身风险工程控制效果的分析及评价等。

1. 明（盖）挖法结构工程自身风险控制效果评价

明（盖）挖法结构自身风险控制效果评价宜主要从以下方面的控制效果情况进行分析与评价：

（1）工法选择；

（2）围（支）护结构形式；

（3）围（支）护结构计算模型及基坑的稳定性；

（4）地下水控制方案；

（5）土方开挖方式及顺序；

（6）地层加固措施；

（7）盖挖逆作法竖向承载结构施工工艺的合理性和安全性。

对明（盖）挖结构进行自身风险控制效果分析与评价时，应结合结构方案和环境条件，根据工程施工过程及施工完成后采取措施的控制情况及效果进行分析，提出符合现场实际的地下结构变形控制指标及控制建议。

2. 矿山法结构工程自身风险控制效果评价

矿山法结构自身风险控制效果与评价时，宜结合施工过程及施工效果对施工工法、地下水控制措施、初期支护结构、工程辅助措施、施工顺序、受力转换等进行工程自身风险分析与评价，需重点结合下列情况的控制效果进行评价：

（1）采用止水帷幕措施；

（2）隧道开挖范围内存在厚层粉细砂、淤泥质地层等不良地层；

（3）大断面平顶直墙隧道；

（4）暗挖断面从小变大的隧道；

（5）暗挖马头门位置；

（6）明暗挖接口位置；

（7）转弯处暗挖工程；

（8）带泵房的联络通道；

（9）穿越断裂带的隧道；

（10）邻近隧道（交叠隧道、小间距隧道）等。

4.3.2 环境风险的控制效果评价

地下结构环境风险控制效果评价需结合施工过程环境风险工程的状态进行，从支护结构施工、土方开挖和地下水控制等方面分析工程施工对环境风险工程的影响，在严格控制工程自身风险基础上，根据穿越工程采取的加强围（支）护结构刚度、设置隔离桩（墙）、地层加固、基础托换、顶升等保护措施的控制效果对环境风险工程进行评价。

评价时结合环境风险工程的监测结果，穿越完成后的使用状态，通过变形及受力的综合分析进行穿越效果评价，以达到更为全面的评价效果。

第5章

砂卵石地层地铁施工穿越重要风险源施工风险控制技术实例

受地铁线路限制与城区周边环境制约，地铁隧道需穿越河流、既有线路、铁路、桥梁等重要风险源，从而构成了地铁施工中大量的风险工程。这些风险工程是地铁工程施工的关键点，控制不当可能会带来工程事故，产生较大危害和不良的社会影响。

北京地铁6号线西延工程全线涉及风险工程629处，其中特级风险工程4处，一级风险工程319处，二级风险工程248处，三级风险工程58处。本章结合具体的特、一级风险工程施工过程的风险控制技术实例进行论述。

5.1 廖—田区间下穿大台铁路桥及101铁路桥施工风险控制技术

5.1.1 工程概况

5.1.1.1 新建区间概况

新建廖公庄站—田村站（廖田）区间为地下区间，自廖公庄站起，沿田村路自西向东敷设，依次下穿大台铁路、101铁路线、巨山路、砂石场路，在田村路与旱河路交叉口处进入田村站。线路两侧基本为低层民用建筑，无大型或较高住宅。区间沿线地势平缓，略有起伏，地面高程为57～61m。

区间隧道采用矿山法施工，区间结构左线长度2028.12m，右线长度2026.2m，区间设置4处施工竖井、1座区间风井兼施工竖井及4处联络通道，分别与2、3、4、5号竖井合建；区间在田村站西侧，设置了人防段及迂回风道、射流风机。廖—田区间的周边环境及主要附属结构如图5-1所示。廖—田区间隧道标准断面结构采用台阶法施工，区间平交段及配线段大跨断面采用双侧壁导坑工法施工，人防段采用"交叉中隔壁"工法施工，区间风井采用暗挖法和明挖法相结合。

5.1.1.2 新建区间穿越大台铁路概况

大台铁路为单线，50轨，直线区段，木枕，2005年框架桥顶进施工期间，桥影响范围内木枕更换为混凝土枕，线路为4‰上坡，下穿处位于大台线五路站和西黄村站区间，路基与轨枕基本齐平。区间左、右线分别在大台铁路K4+757.9、K4+771.78处下穿，交角分别为33°、27°。区间左线上方有一既有顶进框架桥，跨度为17m+17m，框架桥底距离区间顶11.4m，框架桥下穿大台铁路里程为K4+722.4，道路中心线与铁路中心线交

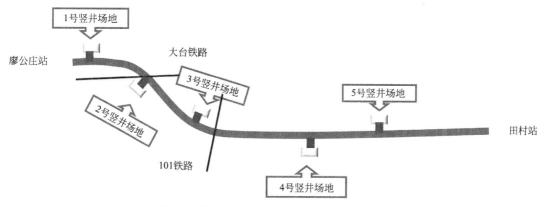

图 5-1　廖—田区间穿越铁路位置关系平面图

角为 42°。设计长度为左线 96m、右线 135m。区间下穿大台铁路施工段平面位置关系图
如图 5-2 所示；区间下穿铁路施工段剖面位置关系图如图 5-3 所示；大台铁路框架桥现状
如图 5-4 所示；大台铁路下穿处铁路现状如图 5-5 所示。

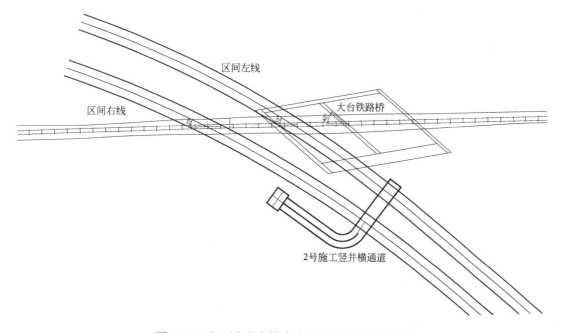

图 5-2　区间下穿大台铁路施工段平面位置关系图

5.1.1.3　新建区间穿越 101 铁路概况

　　廖—田区间下穿 101 铁路处位于 101 铁路西郊机场站和石景山南站区间，101 铁路为
单线，50 轨，曲线区段，曲线半径为 600m，木枕。框架桥顶进施工期间，桥影响范围内
木枕更换为混凝土枕，线路为 7.0‰上坡，下穿处路基填方高度约 4～5m。区间左、右线
分别在 101 铁路 K10＋997.3、K10＋984.1 处下穿，交角分别为 84.6°、86.3°。下穿处为
一既有顶进框架桥，跨度为 17m＋17m，框架桥采用分离式结构，框架桥底距离区间顶
14.2m。框架桥下穿 101 铁路里程为 K10＋988，道路中心线与铁路中心线交角为 90°。

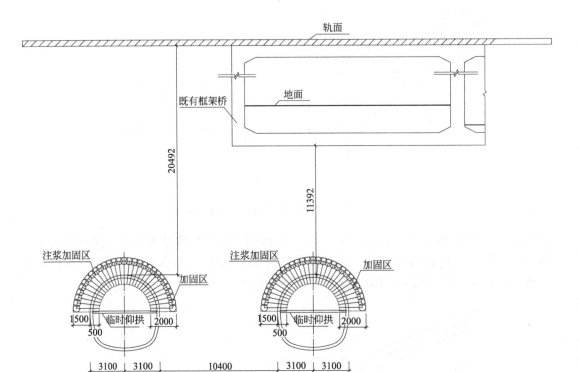

图 5-3　区间下穿大台铁路施工段剖面位置关系图

图 5-4　大台铁路框架桥现状

101 铁路平面位置关系图如图 5-6 所示，101 铁路剖面位置关系图如图 5-7 所示，101 铁路框架桥现状如图 5-8 所示，101 铁路下穿处铁路现状如图 5-9 所示。

图 5-5　大台铁路下穿处铁路现状

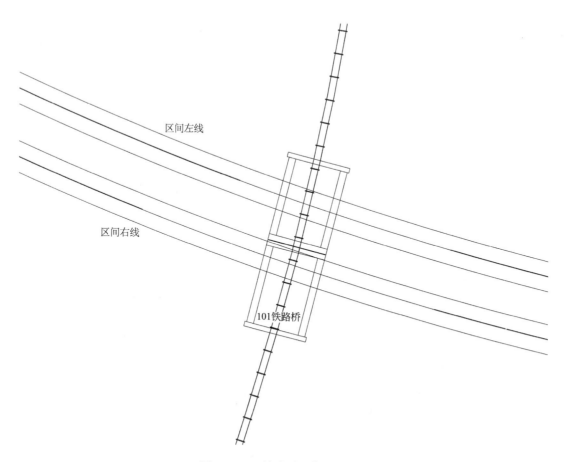

区间左线

区间右线

101铁路桥

图 5-6　101铁路平面位置关系图

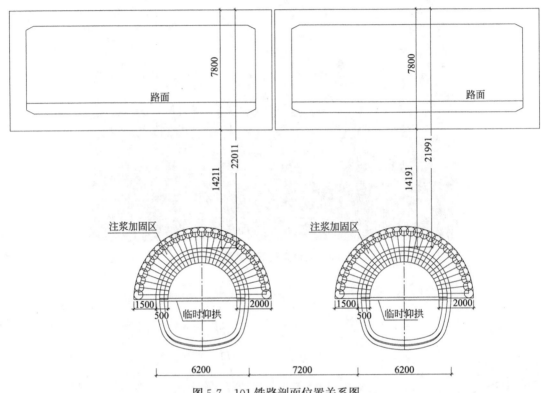

图 5-7　101 铁路剖面位置关系图

图 5-8　101 铁路框架桥现状

图 5-9　101 铁路下穿处铁路现状照片

5.1.1.4　工程地质及水文地质概况

区间隧道穿越段工程地质情况如图 5-10 所示，可见穿越段主要为卵石地层，地下水类型为潜水，位于区间结构以下。区间沿线地势平缓，略有起伏。

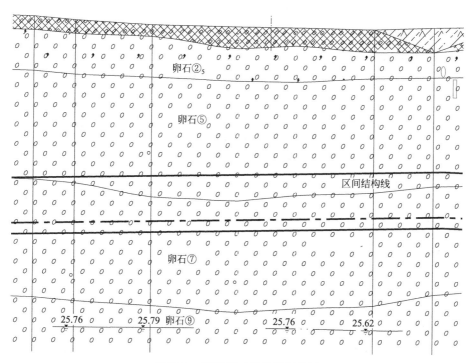

图 5-10　穿越段工程地质剖面图

5.1.2 主要设计及施工方案

5.1.2.1 廖—田区间正线下穿铁路段结构设计参数

廖—田区间正线下穿大台铁路及101铁路段结构均为减震断面，减震断面开挖尺寸为6200mm（宽）×6650mm（高），采用台阶法施工。减震断面隧道采用复合式衬砌形式，初期支护为超前小导管预支护地层＋格栅钢架＋双层钢筋网片＋双层纵向连接筋＋缩脚锚杆＋喷射混凝土的形式，二次衬砌为模筑钢筋混凝土。在初期支护与二次衬砌间设满包防水层。下穿段断面结构设计参数见表5-1。

下穿段断面结构设计参数表　　　　　　　　　　　　　表5-1

项目		材料及规格	结构尺寸
初期支护	超前注浆	深孔预注浆	每12m一个循环
	格栅钢架	Φ22、Φ14、Φ8钢筋	间距0.5m
	锁脚锚管	Φ32×3.25mm小导管	每榀格栅钢架拱脚处分别打设一组，每组两根
	钢筋网	Φ6@150×150mm	单层迎土侧设置，拱墙铺设，搭接1个网格
	纵向连接筋	Φ22	环距1m，内外双层交错布置
	临时支撑	I25a	间距同格栅钢架间距
	喷射混凝土	C25喷混凝土	0.25m
二衬		C40模筑钢筋混凝土，P10	0.3m

5.1.2.2 廖—田区间施工方案

下穿大台铁路由区间2号竖井横通道进入施工，下穿101铁路由区间3号竖井横通道进入施工。大台铁路及101铁路范围全长均采用深孔注浆加固，同时下穿大台铁路前需对线路进行加固。区间施工至铁路设计起点位置，施做止浆墙，封闭掌子面，进行拱部超前深孔注浆。注浆完成后，采用"台阶法"进行下穿段初期支护施工。施工仰拱防水，绑扎仰拱钢筋及浇筑仰拱部位混凝土。分段拆除临时支撑，每段拆除长度12m。施工拱墙防水，绑扎拱墙钢筋，采用台车施工拱墙二衬结构。

区间左、右线均采用矿山法施工，施工时必须坚持先护后挖的原则，采用短台阶法，循环长度0.5m。区间左、右线交错开挖，后行区间开挖前，先行区间初期支护必须达到100%强度且两掌子面错开步距50m以上。在施工中应切实做好监控量测，根据量测结果修正错开步距。

5.1.3 穿越风险源控制措施

5.1.3.1 线路加固

(1) 线路加固范围：隧道两侧不小于25m，加固全长62.5m。

(2) 线路加固采用的3-5-3吊轨梁组成线路加固系统。

(3) U形螺栓用Φ22圆钢制成，两端M22螺纹，螺纹长度80mm，每件包括4个螺母。

(4) 本线路加固系统按照列车慢行45km/h的要求进行设计。

线路加固示意图如图 5-11 所示。

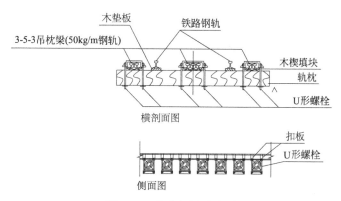

图 5-11　线路加固示意图

5.1.3.2　深孔注浆施工

1. 施工设计方案

区间施工至下穿铁路设计起点位置，即施工止浆墙，施工时先打设 $\Phi22$ 钢筋锚杆，间距 $0.5m \times 0.5m$，长度 2m，然后布置双层 $\Phi6@150 \times 150mm$ 钢筋网片，最后喷射 300mm 厚 C25 混凝土。深孔注浆加固长度为设计起点至终点位置，下穿铁路全长均采用深孔注浆加固，加固范围为拱顶以下 0.5m，拱顶以上 1.5m，加固后无侧限抗压强度 $0.5\sim0.8MPa$，具体可根据现场地质条件确定，注浆加固后土体的渗透系数不低于 $1 \times 10^{-6}cm/s$。

2. 注浆材料和注浆参数

水泥浆液水灰比为 $1:1$，掺加 $3\%\sim5\%$ 的水玻璃，扩散半径 0.5m。注浆压力 $0.8\sim1.0MPa$，具体根据现场地层及试验段确定，现场深孔注浆采用 $4\sim5$ 个循环作为试验段。

（1）设计起终点范围内均为特殊段，全长采用深孔注浆方式加固，每循环注浆 12m，开挖 10m。

（2）首先上台阶核心土范围外的掌子面设置止浆墙，厚度为 300mm，采用 C25 喷射混凝土，并设双层 6.5 钢筋网。

（3）注浆范围为拱顶以下 0.5m，拱顶以上 1.5m，注浆压力可控制在 $0.8\sim1.0MPa$，具体根据现场地层及试验确定。下穿铁路段深孔注浆施工示意图如图 5-12 所示。

3. 注浆施工工序

（1）定孔位：根据现场情况，对准孔位，不同入射角度钻进，要求孔位偏差为 $\pm3cm$，入射角度偏差不大于 $1°$。

（2）钻机就位：钻机按指定位置就位，调整钻杆。对准孔位后，钻机不得移位，也不得随意起降。

（3）钻进成孔：第一个孔施工时，要慢速运转，掌握地层对钻机的影响情况，以确定在该地层条件下的钻进参数。密切观察溢水出水情况，出现大量溢水出水时，应立即停钻，分析原因后再进行施工。每钻进一段，检查一段，及时纠偏，孔底位置应小于 30cm。钻孔和注浆顺序由外向内，同一圈孔间隔施工。

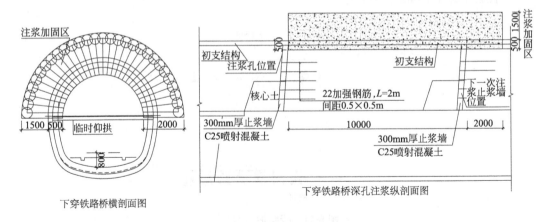

下穿铁路桥横剖面图　　　　　　　　　　下穿铁路桥深孔注浆纵剖面图

图 5-12　下穿铁路段深孔注浆施工示意图

（4）浆液制作：按设计和现场值班工程师提供的配合比，采用准确的计量工具进行配料。浆液的比重符合要求，添加剂按试验人员确定的参数进行添加，保证浆液的配制质量。

（5）开注浆机：在一切工作都做好后方可开注浆机进行注浆，注浆过程中主要通过听声音、看压力、看注浆量来判断注浆的实施效果；听声音是否有异常，看压力是否过高，看注浆量是否达到设计的注入量；这个过程主要靠注浆司机来控制，另外注浆司机还要做好注浆记录，并保证记录的真实性。

（6）回抽钻杆：严格控制提升幅度，每步不大于 15～20cm，匀速回抽，注意注浆参数变化。

（7）注浆孔开孔直径不小于 45mm，严格控制注浆压力，同时密切关注注浆量，当压力突然上升或从孔壁、断面砂层溢浆时，应立即停止注浆，查明原因后采取调整注浆参数或移位等措施重新注浆。

（8）清洗及文明施工：在注浆完毕后要及时清洗注浆机、搅拌机和各种管路。

4. 效果评价

廖—田区间下穿铁路桥施工中进行了严格的风险管控。为有效控制地面沉降，采用背后回填注浆、径向和侧向补充注浆、拱脚注浆等方式使得土体密实度提高，降低沉降速率和减少总沉降量，以实现对既有铁路风险工程的有效保护。

一个注浆段的注浆孔全部注完后，钻 2～3 个孔对注浆效果进行检验，并取芯观察浆液充填情况。通过对注浆效果的检验，注浆后开挖面岩土地层的无侧限抗压强度均不低于 0.5MPa，渗透系数不大于 1×10^{-5} cm/s，开挖面拱部可见浆脉，浆脉情况如图 5-13 所示。

5.1.4　监测及巡视情况分析

5.1.4.1　监测情况分析

1. 大台铁路监测成果分析

区间隧道左、右线斜下穿大台铁路，影响范围为 60.7m。大台铁路为单线，50 轨，

图 5-13 开挖面拱部可见浆脉

直线区段,木枕。2005 年框架桥顶进施工期间,桥影响范围内木枕更换为混凝土枕,线路为 4‰上坡,下穿处位于大台线五路站和西黄村站区间,路基与轨枕基本齐平。区间左、右线分别以 33°、27°斜穿大台铁路。大台铁路受影响范围共布置 32 个路基沉降监测点,监测点平面布置如图 5-14 所示。

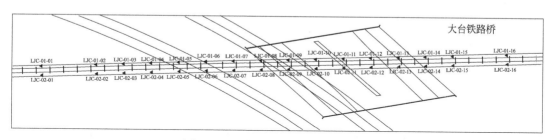

图 5-14 大台铁路监测点平面布置图

区间穿越铁路施工完成后,通过对路基监测点变形分析,最大沉降量值为 －4.73mm,未超沉降控制值。大台铁路沿铁路方向沉降断面如图 5-15 所示,典型测点沉降时程曲线如图 5-16 所示。

通过对大台铁路沉降情况和典型测点沉降时程曲线分析,整个施工过程引起大台铁路路基沉降速率较均匀,局部差异变形较大,差异沉降最大值为 5.41mm,左右线开挖面通过并未引起该测点沉降曲线发生较大变化。从图中可以看出区间隧道施工对大台铁路影响不大,区间隧道穿越后大台铁路沉降趋势趋于平缓。

2. 101 铁路监测成果分析

廖—田区间隧道左、右线垂直下穿 101 铁路,影响范围为 67m。下穿处位于 101 铁路西郊机场站和石景山南站区间,101 铁路为单线,50 轨,曲线区段,曲线半径为 600m,

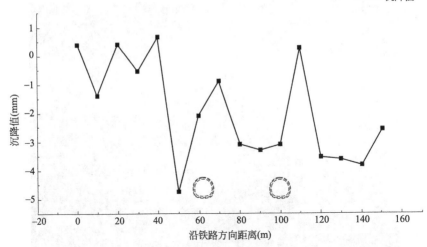

图 5-15 大台铁路沿铁路方向沉降情况

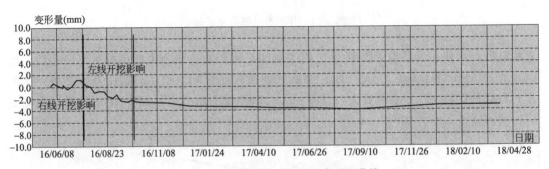

图 5-16 大台铁路典型测点沉降时程曲线

木枕。框架桥顶进施工期间，桥影响范围内木枕更换为混凝土枕，线路为 7.0‰ 上坡，下穿处路基填方高度 4～5m。101 铁路受影响范围共布置 32 个路基沉降监测点，监测点平面布置如图 5-17 所示。

101 铁路共布置 8 个桥梁沉降监测点，101 铁路框架桥周边沉降量值最大为 −11.76mm，开挖过程沉降较大，开挖通过后，测点沉降发展减缓直至稳定。101 铁路框架桥沉降监测数据显示，各测点沉降值在 −11.76～−5.42mm，沉降值所处区间整体不大，各点差异变形较小，区间隧道施工对 101 铁路框架桥有一定影响，隧道穿越后 101 铁路框架桥总体情况风险可控。

5.1.4.2 巡视情况分析

廖—田区间正线下穿大台铁路及 101 铁路，施工期间加强对铁路及铁路周边管线、道路、桥梁的巡视。巡视过程未见异常，巡视情况如图 5-18 所示。穿越段现场施工情况如图 5-19 所示。

5.1.5 风险控制效果评价及建议

廖—田区间暗挖施工下穿大台铁路及 101 铁路施工区间，严格按照施工组织设计施

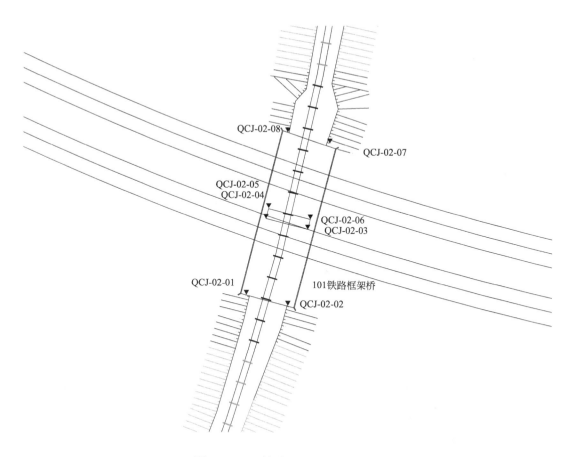

图 5-17 101 铁路监测点平面布置图

图 5-18 周边环境巡视情况图

（a）101 铁路桥未见异常；（b）大台铁路桥未见异常

工，掌子面开挖台阶长度、各洞室间距、核心土留设符合设计要求。从施工效果来看，洞内深孔注浆措施确保了掌子面的稳定性，保证了穿越大台铁路及 101 铁路工程施工过程安全风险可控。

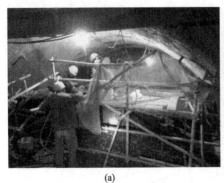

(a)   (b)

图 5-19　穿越铁路过程现场施工情况图
(a) 区间右线下穿铁路注浆施工；(b) 区间右线下穿铁路正常开挖施工

针对本次穿越工程提出以下建议：

（1）施工过程前应结合现场情况制定切实可行的加固方案，并对加固方案及效果进行前评估，施工过程严格按照设计要求施工，保证控制措施到位。

（2）砂卵石地层施工过程中，宜对超前加固措施的可实施性进行评估，保证超前措施有效，确保地层稳定。

（3）风险工程穿越完成后，及时进行总结分析，评价风险工程自身状态，地铁穿越过程风险控制措施的实施效果，为后续类似工程提供参考依据。

5.2　金—苹区间下穿大台铁路施工风险控制技术

5.2.1　工程概况

5.2.1.1　新建金—苹区间工程概况

新建金—苹区间，西起金安桥站，东至1号施工竖井。区间沿线东段依次下穿奥特莱斯商场，斜下穿大台铁路、规划 S1 线，斜下穿阜石路高架桥（桥桩距离区间结构最近处约 2.4m）；区间东段隧道上方为阜石路、苹果园中路、郊野公园。

金—苹区间为复合式衬砌暗挖区间，全长 1067.414m，区间大里程端设置故障存车线，长 203m。区间正线及故障存车线均采用矿山法施工。区间结构顶板埋深：由西向东 16～19m。施工阶段，金—苹区间设置两个施工竖井及横通道。金—苹区间平面图如图 5-20 所示。

5.2.1.2　新建区间穿越既有铁路概况

下穿处位于大台铁路西黄村站和石景山站区间，左线与大台铁路交叉处铁路里程为 K10＋132.7，交角 22.8°，右线与大台铁路交叉处铁路里程为 K9＋931，交角 20.9°。

下穿处大台铁路为单线非电气化铁路。路基段 50 轨，木枕，线路纵坡为 4.0‰上坡。曲线区段曲线半径为 1210m。铁路呈东西走向，下穿处道砟厚度 0.4～0.5m。路肩坡脚两侧均有光电缆。左线穿越铁路位置处有一道口房，道口房位于左线隧道上方。下穿部位

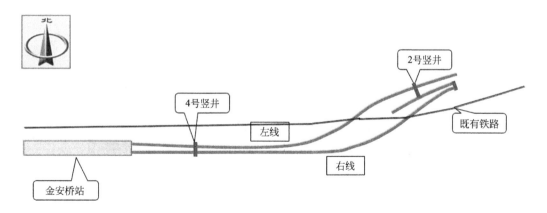

图 5-20　金—苹区间平面图

结构剖面图如图 5-21 所示，既有大台铁路现场情况如图 5-22 所示。

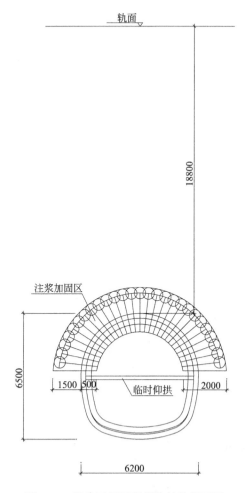

图 5-21　新建区间下穿部位结构剖面图

图 5-22　下穿处既有大台铁路现状图

(a) 下穿处既有铁路现状照片 1；(b) 下穿处既有铁路现状照片 2

5.2.1.3　工程地质及水文地质概况

地质情况：隧道结构顶板以卵石⑦层为主，隧道侧壁的围岩主要为卵石⑦层及卵石⑨层，隧道结构底板的围岩主要为卵石⑦层及卵石⑨层。根据沿线钻探资料以及地质调查资料，本段卵石地层中分布有大粒径的漂石，最大粒径不小于 460mm，大粒径的漂石对暗挖注浆施工影响较大。

水文情况：含水层主要为卵石⑪层，稳定水位标高为 44.318m，隧道底板标高为 48.496～53.566m，位于地下水位 4m 以上。现场地质剖面图如图 5-23 所示。

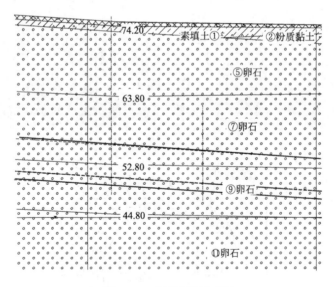

图 5-23　现场地质剖面图

5.2.2　主要设计及施工方案

5.2.2.1　金—苹区间下穿段设计参数

金—苹区间正线下穿铁路施工过程主要采用马蹄形断面，加工措施采用深孔注浆＋临时仰拱形式，正线初支设计参数详见表 5-2。

项目		材料及规格	结构尺寸
初期支护	超前注浆	深孔注浆	每 10m 一个循环
	格栅钢架	Φ22、Φ12、Φ8 钢筋	间距 50cm
	锁脚锚管	Φ32×3.25 小导管 L=2m	每榀格栅钢架拱脚处分别打设一组,每组两根
	钢筋网	Φ6@150×150mm	单层背土侧设置,拱墙铺设,搭接 1 个网格
	纵向连接筋	C22	环距 1m,内外双层交错布置
	临时仰拱	I22a	间距同格栅钢架间距
	喷射混凝土	C20 喷混凝土	0.25m

5.2.2.2 施工方案

区间主体结构主要以标准马蹄形断面为主,断面尺寸 6200mm×6500mm,设置临时仰拱。施工方法采用台阶法施工。临时仰拱采用 C20 喷射混凝土,保护层为 40mm,钢架内外侧均设置 HRB400EΦ22 连接筋,环向间距 1000mm,梅花布置,在型钢钢架下设单层 Φ6@150×150mm 钢筋网片,搭接长度不小于一个网格。深孔注浆如图 5-24 所示。

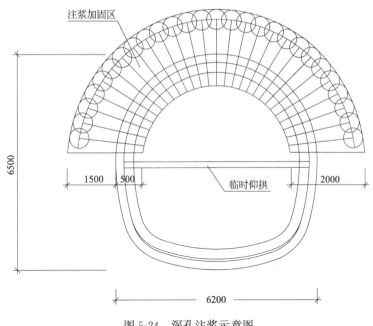

图 5-24 深孔注浆示意图

区间段采用浅埋暗挖法施工,左、右正线均采用分上下导洞法施工。施工时须坚持先护后挖的原则,施工方法采用短台阶法,循环长度 0.5m。

具体施工步骤如下:

(1) 深孔预注浆;

(2) 上半断面环形开挖,留核心土;

(3) 上半断面初期支护;

(4) 开挖核心土、支临时仰拱、下半断面开挖;

(5) 下半断面初期支护；

(6) 初支变形基本稳定后应立即施工区间仰拱防水层及二次衬砌施工；

(7) 分段拆除临时仰拱，区间拱墙防水层及二次衬砌施工。

5.2.3 穿越风险源控制措施

5.2.3.1 主要风险源

暗挖区间左线下穿大台铁路垂直距离为 18.8m，右线下穿大台铁路垂直距离为 20.9m，风险等级为特级。

5.2.3.2 施工变形影响数值模拟分析

通过前期新建工程施工产生的对既有结构的变形影响分析可知，下穿大台铁路隧道开挖对地面铁路路基的影响范围为隧道中线以外 20m 范围。随着隧道断面的逐步开挖和隧道初支的施工，铁路路基的沉降趋于稳定。在未深孔注浆加固情况下开挖引起铁路路基最大沉降量为 4.16mm，超过（−4.0~2mm）控制值。隧道拱顶最大沉降为 7.17mm，出现在铁路路基与隧道中线相交位置。在深孔注浆加固情况下开挖时，开挖区域土体产生塑性主要出现在加固土体以外区域。开挖引起铁路路基最大沉降量为 2.38mm，小于（−4.0~2mm）控制值。隧道拱顶最大沉降为 4.22mm，出现在铁路路基与隧道中线相交位置。为了保证施工过程的安全，采用深孔注浆加固开挖方式施工。

6 号线西延工程金—苹区间暗挖隧道施工采用深孔注浆加固对既有铁路竖向沉降的影响结果如表 5-3 所示。

深孔注浆加固地层影响对比表　　　　　　　　　　　　表 5-3

下穿大台铁路	项目	竖向沉降(mm)	位置
未深孔注浆加固	路基轨道结构	4.16	隧道与路基中线相交处
深孔注浆加固后	路基轨道结构	2.38	隧道与路基中线相交处

5.2.3.3 控制措施

根据数值模拟计算结果，下穿大台铁路由区间 2 号竖井横通道进入施工，下穿段全长均采用深孔注浆加固＋临时仰拱，施工前需对线路进行 3-5-3 扣轨加固。

1. 大台铁路防护措施

为保证大台铁路在地铁施工过程中的安全运营，对区间施工期间进行铁路防护及加固处理。右线及折返线影响区间加固范围：K9＋886.9~K10＋011.9，共长 125m，采用 3-5-3 扣轨加固。左线影响区间加固范围：K10＋091.05~K10＋203.55，共长 112.5m，全部采用 3-5-3 扣轨加固。

扣轨加固施工方法同廖—田区间下穿铁路段扣轨加固施工方法。

2. 深孔注浆工艺

施工前，施做深孔注浆试验段以确定深孔注浆施工工艺具体参数，深孔注浆工艺流程如图 5-25 所示。

左、右线深孔注浆范围里程详见表 5-4。

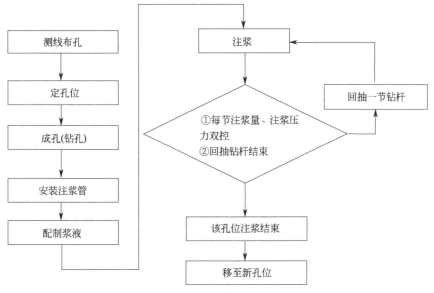

图 5-25 深孔注浆工艺流程图

深孔注浆范围里程表 表 5-4

序号	深孔注浆范围	深孔注浆长度(m)
1	右 K1+662～K1+800	138
2	左 K1+424～K1+554	130

（1）施做止浆墙：在注浆孔钻孔之前，先在导洞上台阶施做止浆墙，在掌子面前方打设 2m 长 Φ22 钢筋锚杆，止浆墙厚 300mm，采用 C20 喷射混凝土，布置双层钢筋网 Φ6@150×150mm。喷混工艺同初支喷混凝土。根据上方管线位置选择止浆墙位置，防止钻孔施工误差造成管线的破坏。

（2）孔位布设：注浆范围为拱顶以下 0.5m 至拱顶以上 1.5m，注浆压力控制在 0.8～1.0MPa，扩散半径 0.5m。注浆浆液为水泥—水玻璃。深孔注浆施工每段注浆长度为10m，搭接 2m 注浆纵断面示意图如图 5-26 所示。

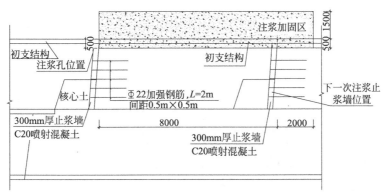

图 5-26 深孔注浆纵断面示意图

（3）钻孔施工

定孔位：根据每眼注浆口位置、每环注浆管末端距注浆口垂直高度及注浆扩散范围确定钻机钻杆角度、钻孔长度及钻杆偏移角度，定孔位偏差不得大于±20mm，钻孔角度偏差不得大于1°。

钻机就位：钻机按照指定位置就位，并在技术人员的指导下，通过调整钻杆竖向角度及钻机水平方向确定钻孔角度。对准孔位后，钻机不得移位。

钻进成孔：采用钻机引导钻孔，高强合金钻头与二重管通过丝扣连接，钻头直径为50mm，电机作为钻孔驱动，水钻成孔，钻孔速度约30min/m。钻杆单根长度2m，钻进过程中每根管通过丝扣连接。

5.2.4 监测及巡视情况分析

5.2.4.1 监测情况分析

区间隧道左、右线下穿大台铁路，影响范围为左线130m，右线138m。此铁路为货运线路，据调查运行频率为1天两趟，碎石道床。隧道区间下穿铁路部位为标准断面，主要位于砂卵石地层。左线隧道开挖轮廓线距大台铁路18.8m，右线隧道开挖轮廓线距大台铁路20.9m。金—苹区间左、右线下穿大台铁路监测平面图如图5-27、图5-28所示。

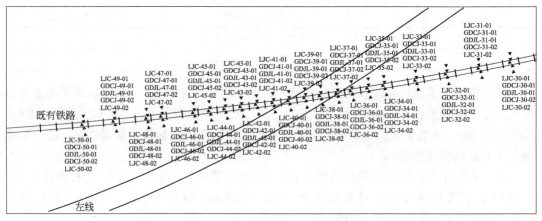

图5-27　金—苹区间左线下穿大台铁路监测平面图

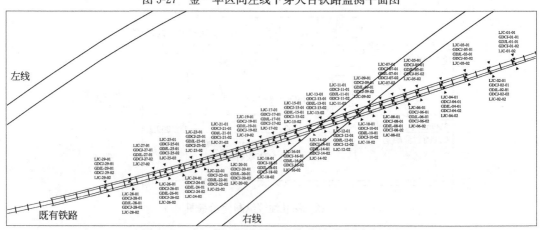

图5-28　金—苹区间右线下穿大台铁路监测平面图

大台铁路受影响范围共布置 50 组监测点，监测成果详见表 5-5。

大台铁路监测成果表　　　　　　　　　　　　　　　　　　表 5-5

项目	位置	最大监测值（mm）	控制值（mm）	状态
既有线路基沉降	左线下穿大台铁路	−1.29	−10～10	正常
	右线下穿大台铁路	−2.41	−10～10	正常
轨道沉降	左右线下穿大台铁路	−0.52	−4～2	正常
几何形位轨距	左右线下穿大台铁路	−0.20	−2～6	正常

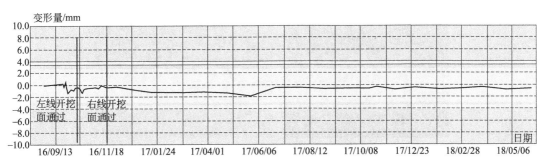

图 5-29　金—苹区间下穿大台铁路典型测点沉降时程曲线图

从表 5-5 和图 5-29 可以看出：大台铁路在区间隧道暗挖施工过程中各测点沉降均未超控制值（−10～10mm），最大沉降测点位于区间右线下穿大台铁路部位，为路基沉降测点。整个施工过程引起的沉降速率较均匀，施工过程未出现安全风险隐患。深孔注浆及临时仰拱加固效果对区间隧道穿越大台铁路沉降控制效果明显。

5.2.4.2　巡视情况分析

在矿山法隧道穿越铁路施工过程中，对开挖面地层稳定性、开挖面渗漏水、超前支护、土方开挖、初期支护等情况进行巡视，采用观察、尺量、拍照、记录等方法，并根据安全巡视情况对安全状态进行初步分析、评估。

区间隧道穿越地层为砂卵石层，结构底板位于地下水位以上。施工过程较为规范，施工过程现场巡视情况如图 5-30 所示。

5.2.5　施工效果评价及建议

金—苹区间穿越铁路监测工作自加固措施实施开始，通过对金—苹区间穿越铁路风险过程实施监测及巡视工作，有效规避了施工过程中的较大风险，使其在安全风险基本可控状态下完成施工。根据现场挖探、现场巡视等情况，可见开挖面及拱顶明显浆脉，穿越工程注浆效果良好，注浆参数设计及现场实施情况控制得当。金—苹区间下穿大台铁路施工中各测点均小于预警值，施工过程既有铁路沉降控制效果好。施工过程中通过及时进行背后回填注浆、径向和侧向补充注浆、拱脚注浆等方式提高土体的密实度，降低了沉降速率和减少了总沉降量，实现了对既有工程的有效保护。

针对金—苹区间下穿大台铁路施工过程的风险管控经验，提出如下建议：

（1）施工前期对下穿既有铁路施工过程的加固措施进行分析评估，选取合理、适宜的加固措施。

图 5-30　金—苹区间穿越铁路现场巡视情况

（a）区间左线向东开挖施工；（b）区间右线向东开挖施工；（c）区间二衬施工完成；（d）大台铁路巡视未见异常

（2）施工过程中根据现场情况设置注浆试验段，选取合理的注浆参数，以保证注浆加固效果。

（3）施工过程中，及时进行初支背后回填注浆及各类补充注浆措施，以减少对地层的扰动，减少上方风险工程的变形。

5.3　苹果园站下穿既有 1 号线车站施工风险控制技术

5.3.1　工程概况

5.3.1.1　新建苹果园站工程概况

北京地铁 6 号线西延工程苹果园站为换乘站，分别与 1 号线苹果园站和 S1 线苹果园站换乘。主体结构采用暗挖洞桩法＋明挖法施工，标准段为双层三连拱结构，三层段为三层三跨结构，其中负二、负三层采用暗挖洞桩法，覆土均为 10m，负一层采用明挖法施工，覆土约为 4m。下穿段为双层三跨箱型框架结构（共计 52.4m），覆土约 11.7m，密贴下穿既有 1 号线苹果园站。

车站共设置 4 处出入口，两座风亭：1 号（西北）风亭、2 号（东南）风亭，1 号风亭位于 A 出入口与 J 地块地下室之间，2 号风亭位于车站东南角的铁路绿地内。车站设置 1 个安全出口，位于 B 出入口南侧。

5.3.1.2　新建车站穿越既有地铁概况

新建 6 号线西延车站主体下穿地铁 1 号线苹果园站段为两层三跨箱形框架结构，采用暗挖洞桩法施工。该断面车站主体总长 52.4m，宽度为 23.5m，高度 14.92m，顶板覆土约 11.759m，底板埋深约 27.029m，与既有 1 号线苹果园站夹角约为 70°，密贴既有车站底板。苹果园站下穿段平面图、剖面图如图 5-31、图 5-32 所示。

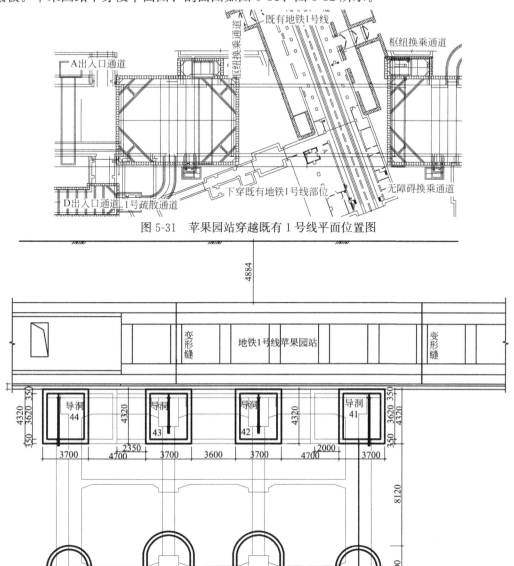

图 5-31　苹果园站穿越既有 1 号线平面位置图

图 5-32　苹果园站下穿段剖面图

5.3.1.3　工程地质及水文地质概况

苹果园站沿线勘探范围内土层为人工堆积的杂填土、粉质填土为主，其次为新近沉积的卵石层②₅，下层为第四纪沉积的卵石层⑤、中粗砂⑤₁、粉土层⑥₂、卵石⑦层、卵石⑨层为主。车站地层分布详见图 5-33 地质纵剖面图。

车站范围内存在一层地下水，主要为潜水（二），水位埋深 39.76m，水位标高为 31.58m。地下水位在车站底板以下 10.4m 左右，施工不受地下水影响。

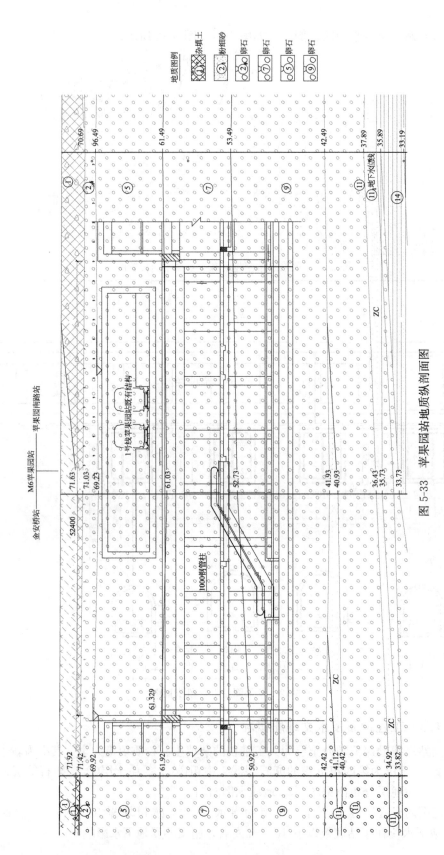

图 5-33　苹果园站地质纵剖面图

5.3.2 主要设计及施工方案

下穿段采用洞桩法（8导洞）逆作施工。为减小对既有M1苹果园站的影响，采用小导洞周边深孔注浆、丝杠支顶、CD法开挖上层导洞之间土体等工程措施。下穿段小导洞及初支扣拱参数、围护结构参数及主体二衬结构参数如下。

5.3.2.1 小导洞及初支扣拱断面参数

苹果园站主体结构小导洞设计尺寸见表5-6。

小导洞设计尺寸表　　　　　　　　　　　　　　　　　　表5-6

导洞类型	上层边导洞	下层边导洞	上层中导洞	下层中导洞
下穿段开挖截面尺寸(b×h)	3.7m×4.32m	3.6m×4.1m	3.7m×4.32m	4.1m×4.8m

苹果园站主体结构扣拱及小导洞初支结构设计参数见表5-7。

苹果园站主体结构扣拱及小导洞初支结构设计参数表　　　　表5-7

项目		材料及规格	施工参数
小导洞初期支护	深孔注浆	水泥—水玻璃双液浆,扩散半径0.5m	止浆墙厚度为300mm,采用C20喷射混凝土,并设双层Φ6@150×150mm钢筋网,对于第一道止浆墙需另采用型钢支撑保证稳定。 注浆压力可控制在0.8~1.0MPa,具体根据现场地层及试验确定。上层导洞2.0m注浆带(初支外1.5m,初支内0.5m),下层导洞2.0m注浆带(初支外1.5m,初支内0.5m)
	钢筋网片	Φ6、Φ8钢筋,网格间距150mm×150mm	上导洞350mm初支,双层Φ8钢筋网片;下导洞300mm初支,只在格栅钢架外侧设置Φ6钢筋网片
	纵向连接筋	HRB400C22钢筋	环向间距1.0m,内外双层交错布置
	喷射混凝土	C20混凝土	厚度300mm,350mm
	格栅钢架	主筋、桁架筋HRB400钢筋	纵向间距0.5m,横通道进洞前三榀密排
	锁脚锚管	Φ32钢焊,t=3.25mm,L=1.5m	每循环拱脚打设,角度45°斜向下打设,每处拱脚打设1根。锁脚锚管须与钢格栅焊接牢固,注浆扩散体半径不小于0.3m,浆液采用单液水泥浆
	背后注浆管	Φ32钢焊管	环向间距起拱线以上(顶板)2m、边墙3m,纵向间距3m,梅花形布置。初期支护背后浆液采用水泥浆或水泥砂浆,注浆压力0.1~0.3MPa左右
扣拱初期支护	深孔注浆	水泥—水玻璃双液浆,扩散半径0.5m	浆墙厚度为300mm,采用C20喷射混凝土,并设双层Φ6@150×150mm钢筋网,对于第一道止浆墙需另采用型钢支撑保证稳定。 注浆压力可控制在0.8~1.0MPa,具体根据现场地层及试验确定。上层导洞2.0m注浆带(初支外1.5m,初支内0.5m),下层导洞2.0m注浆带(初支外1.5m,初支内0.5m)
	钢筋网片	Φ8钢筋,网格间距150mm×150mm	内外双层铺设
	纵向连接筋	HRB400C22钢筋	环向间距1000mm,内外双层交错布置
	喷射混凝土	C20混凝土	厚度350mm
	格栅钢架	主筋、桁架筋HRB400钢筋	纵向间距0.5m,横通道进洞前三榀密排
	初支背后注浆管	Φ32钢焊管	环向间距顶板2m、边墙3m,纵向间距3m。梅花形布置。初期支护背后浆液采用水泥浆或水泥砂浆,注浆压力控制在0.1~0.3MPa

5.3.2.2 围护结构设计参数

苹果园站采用洞桩法施工，在上导洞内向下施工围护桩，下导洞施工条形基础，浇筑围护桩，桩间采用锚喷支护，围护结构具体设计参数见表5-8。

围护结构设计参数表 表5-8

项目		材料及规格	结构尺寸
围护结构	Φ1000围护桩	C30钢筋混凝土	桩间距1.6m，桩长11.27m
	钢筋网	Φ6@150×150mm	单层钢筋网，桩间铺设
	桩间喷混凝土	C20喷混凝土	100mm厚
	条形基础	C30钢筋混凝土	3.0m×1.0m
	桩顶冠梁	C30钢筋混凝土	高3.3m，宽1.75m、1.1m
	工字钢	I32a	高320mm

5.3.2.3 施工方案

下穿段主要由苹果园站3号竖井场地负责施工。2号横通道有施工条件时，可从东西两个方向对向施工，同一条隧道相对开挖，当两工作面相距20m时停止开挖一端，另一端继续开挖。

（1）车站施工过程总体开挖顺序是先下后上，先边后中；上下层边洞的错距不小于6m，上下层中导洞错距不小于10m，下层中导洞和上层边洞错距不小于10m。小导洞采用台阶法施工，采用深孔注浆加固地层，并打设锁脚锚杆固定格栅钢架。导洞封闭成环后，及时初支背后注浆。

（2）下导洞开挖支护完成后，在下边导洞内施做条基，在边上导洞施工围护桩，并在桩顶预留与丝杠连接的钢板。安放丝杠，浇筑冠梁。

（3）下导洞开挖支护完成后，中下导洞进行基底处理，铺设底板防水层，施做底纵梁及部分底板结构，安装钢管柱定位系统，边下导洞施做条形基础。

（4）在上层中洞内施做钢管混凝土柱，上下导洞间采用人工挖孔。吊装钢管柱孔与管空隙内填中粗砂，最后锁定钢管柱，管内绑扎钢筋并灌注混凝土，柱顶预埋钢板，同时施工支墩，安放丝杠。施工顶纵梁，预留与顶板相接的钢筋接头，铺设防水层，预留与顶板相接的防水接头。

（5）由东向西方向开始主体结构初期支护扣拱（西侧横通道具备施工条件时，可从东西两个方向对向施工），边洞（Ⅰ、Ⅲ部）先行（Ⅰ、Ⅲ部两者错开5m），中洞（Ⅱ部）落后20m，且导洞侧墙不得凿除。自下穿段中间位置向两侧开始主体结构二衬扣拱，扣拱时导洞侧墙分段拆除，分段长度首次为14m，剩余为一个柱跨。边洞先行，中洞落后不小于两个柱跨。苹果园站下穿段主体施工工序如表5-9所示。

5.3.3 穿越风险源控制措施

5.3.3.1 主要风险源

新建6号线西延工程苹果园站平顶直墙密贴下穿既有1号线苹果园站为特级环境风险工程，主要风险点为：（1）新建车站斜穿既有线区段均采用平顶直墙下穿，平顶直墙施工

苹果园站下穿段主体施工工序　　　　　　　　表 5-9

序号	图示	施工工序说明
1	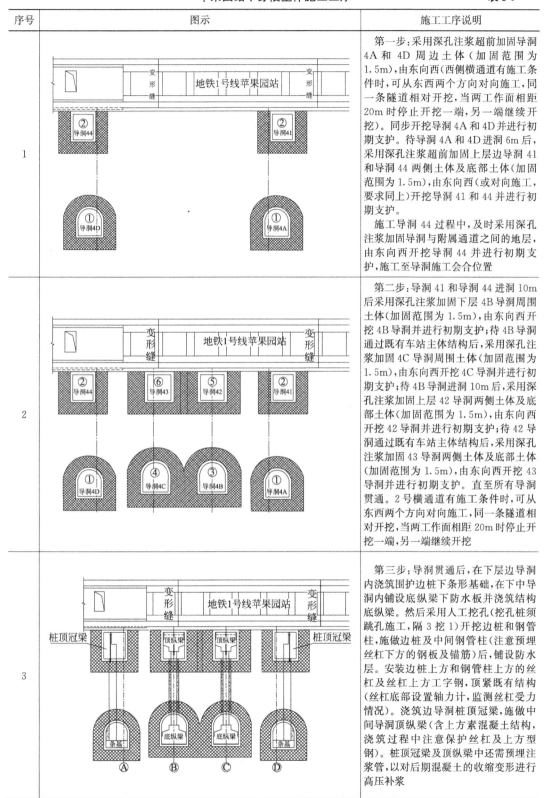	第一步:采用深孔注浆超前加固导洞 4A 和 4D 周边土体(加固范围为 1.5m),由东向西(西侧横通道有施工条件时,可从东西两个方向对向施工,同一条隧道相对开挖,当两工作面相距 20m 时停止开挖一端,另一端继续开挖)。同步开挖导洞 4A 和 4D 并进行初期支护。待导洞 4A 和 4D 进洞 6m 后,采用深孔注浆超前加固上层边导洞 41 和导洞 44 两侧土体及底部土体(加固范围为 1.5m),由东向西(或对向施工,要求同上)开挖导洞 41 和 44 并进行初期支护。 施工导洞 44 过程中,及时采用深孔注浆加固导洞与附属通道之间的地层,由东向西开挖导洞 44 并进行初期支护,施工至导洞施工会合位置
2		第二步:导洞 41 和导洞 44 进洞 10m 后采用深孔注浆加固下层 4B 导洞周围土体(加固范围为 1.5m),由东向西开挖 4B 导洞并进行初期支护;待 4B 导洞通过既有车站主体结构后,采用深孔注浆加固 4C 导洞周围土体(加固范围为 1.5m),由东向西开挖 4C 导洞并进行初期支护;待 4B 导洞进洞 10m 后,采用深孔注浆加固上层 42 导洞两侧土体及底部土体(加固范围为 1.5m),由东向西开挖 42 导洞并进行初期支护;待 42 导洞通过既有车站主体结构后,采用深孔注浆加固 43 导洞两侧土体及底部土体(加固范围为 1.5m),由东向西开挖 43 导洞并进行初期支护。直至所有导洞贯通。2 号横通道有施工条件时,可从东西两个方向对向施工,同一条隧道相对开挖,当两工作面相距 20m 时停止开挖一端,另一端继续开挖
3		第三步:导洞贯通后,在下层边导洞内浇筑围护边桩下条形基础,在下中导洞内铺设底纵梁下防水板并浇筑结构底纵梁。然后采用人工挖孔(挖孔桩须跳孔施工,隔 3 挖 1)开挖边桩和钢管柱,施做边桩及中间钢管柱(注意预埋丝杠下方的钢板及锚筋)后,铺设防水层。安装边桩上方和钢管柱上方的丝杠及丝杠上方工字钢,顶紧既有结构(丝杠底部设置轴力计,监测丝杠受力情况)。浇筑边导洞桩顶冠梁,施做中间导洞顶纵梁(含上方素混凝土结构,浇筑过程中注意保护丝杠及上方型钢)。桩顶冠梁及顶纵梁中还需预埋注浆管,以对后期混凝土的收缩变形进行高压补浆

序号	图示	施工工序说明
4	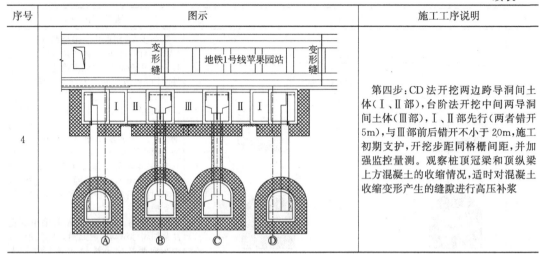	第四步：CD 法开挖两边跨导洞间土体（Ⅰ、Ⅱ部），台阶法开挖中间两导洞间土体（Ⅲ部），Ⅰ、Ⅱ部先行（两者错开 5m），与Ⅲ部前后错开不小于 20m，施工初期支护，开挖步距同格栅间距，并加强监控量测。观察桩顶冠梁和顶纵梁上方混凝土的收缩情况，适时对混凝土收缩变形产生的缝隙进行高压补浆

过程受力较为复杂。（2）新建车站下穿既有线区段分为重叠段（上方为既有线）和非重叠段（上方为地层），上方环境多变，增加施工风险。（3）新建车站为 PBA 车站，大体量开挖过程存在既有线变形控制风险问题（既有线要求结构沉降控制值不超过 3mm，预警值为 2.1mm）。（4）大跨度平顶直墙断面施工过程，节点连接部位受力较为复杂，拆撑时受力转换过程存在较大风险隐患。

5.3.3.2 控制措施

苹果园下穿既有线施工时采取安装"丝杠＋工字钢梁"来支顶既有结构，同时辅以深孔注浆形式进行加固，具体施工工序如下所示。

1. "丝杠＋工字钢梁"支顶既有结构

"丝杠＋工字钢梁"支顶既有结构具体施工工序如下：

（1）丝杠在上层边导洞间距 1.6m 布置一道（同边桩间距），上层中导洞间距 2m/2.1m 钢管柱之间布设两道，具体布置如图 5-34～图 5-37 所示。

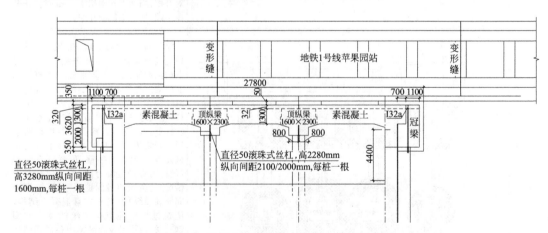

图 5-34　丝杠＋工字钢梁支顶既有结构剖面图

（2）待边桩钢筋笼绑扎及钢管柱安装完成后，安装丝杠底部预埋件，浇筑混凝土。预

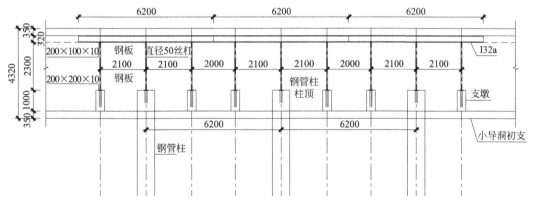

图 5-35　中导洞丝杠、横梁纵向分布图

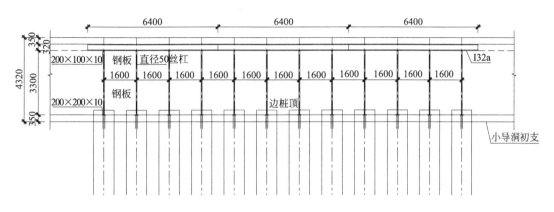

图 5-36　边导洞丝杠、横梁纵向分布图

埋件采用 200mm×200mm×10mm，钢板底部焊接 9 根 480mm 长 Φ16 钢筋作为锚筋，钢筋间距 60mm，距钢板周边边缘 40mm。丝杠底部预埋件大样图如图 5-38 所示。

（3）上层中导洞钢管柱之间丝杠基础采用 C30 素混凝土支墩，长×宽×高为 400mm×400mm×1000mm，浇筑混凝土支墩时预埋丝杠底部预埋件。

（4）安装工字钢横梁：

1）采用 I20a 制作门形框架作为千斤顶持力基础，门形框架由三部分组成，包括底部配重工字钢长 1.0m，每个竖向支腿各安装一个；竖向两侧支腿长 2.6m，横向间距 1.5m；两侧支腿上部安装一道横梁作为千斤顶支座。门形框架示意图如图 5-39、图 5-40 所示。

2）必须保证门形框架底部小导洞初支面平整，凹凸不平处进行抹面处理。

3）采用安装钢管柱时预留吊钩辅助人工方式吊装工字钢（I32a）横梁贴紧小导洞初支面，保证工字钢安装位置准确性。

4）横梁吊装就位后，采用千斤顶施加预应力对横梁起临时支撑作用。

5）在边桩及中柱顶面钢板位置设置轴力计，对丝杠进行轴力监测，确定丝杠与 I32a 工字钢密贴，与既有主体结构密贴，轴力计的控制标准为 0.4kN≤轴力≤4kN。

6）安装丝杠并将丝杠与工字钢横梁焊接为整体，调节丝杠顶紧既有架构后撤销千斤

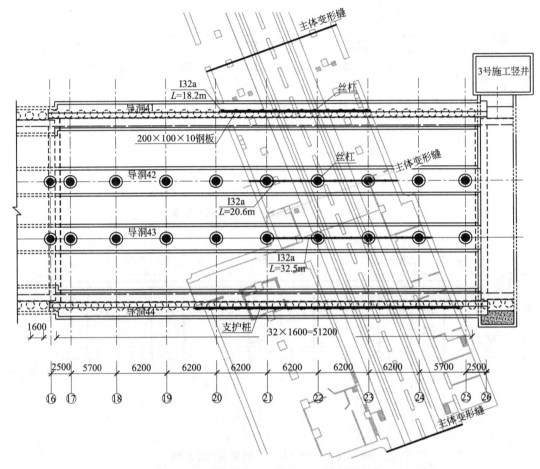

图 5-37　横梁安装平面位置图（既有线下方）

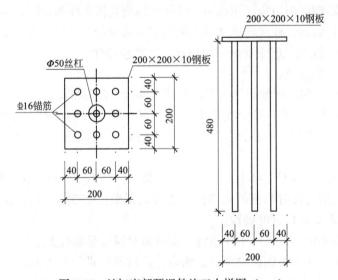

图 5-38　丝杠底部预埋件施工大样图（mm）

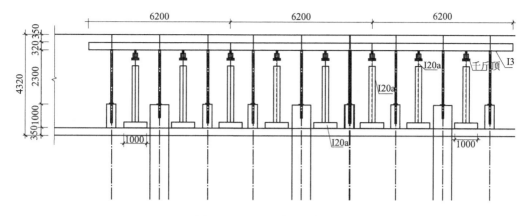

图 5-39　工字钢横梁示意图

顶临时支撑。丝杠上部焊接钢板与横梁满焊，钢板截面尺寸为 200mm×100mm×10mm。丝杠上部节点如图 5-41 所示。

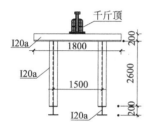

图 5-40　工字钢横梁示意图

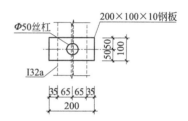

图 5-41　丝杠上部节点大样图

7）绑扎冠梁和顶纵梁钢筋，并浇筑混凝土，注意保护丝杠及工字钢纵梁。根据型钢安装所需高度 320mm，该高度范围内采用素混凝土结构，该结构内设置单层防裂钢筋网片 Φ6@150×150mm，下部采用钢筋混凝土结构。

8）混凝土发生收缩，工字钢纵梁外露并部分持力，通过预埋注浆管多次对缝隙进行高压补浆。根据监测情况，适时进行导洞间土体的开挖、支护，型钢纵梁进一步持力，弥补缝隙带来的既有线沉降。

9）为保证 I32a 型钢两侧混凝土浇筑的密实度，可将型钢沿纵向按一定距离进行开孔，具体开孔数量根据现场实际情况考虑。

10）顶纵梁上部回填质量保证措施：顶纵梁及上部回填区域同步浇筑完成后，为保证上部回填密实，需对顶纵梁与导洞间缝隙进行封堵密实，采用多次高压补浆顶纵梁与既有结构之间的间隙，使之密实，并永久密贴持力。

2. 根据车站主体结构与既有 1 号线的位置关系，下穿段上层小导洞、初支扣拱及下层小导洞均采取深孔注浆措施进行地层加固

（1）下穿段重叠区域

下穿段重叠区域既有线保护措施采用深孔注浆加固上导洞侧墙及底板外 1.5m 地层、下导洞全断面 1.5m 外地层，范围为重叠段的区域，如图 5-42、图 5-43 所示。

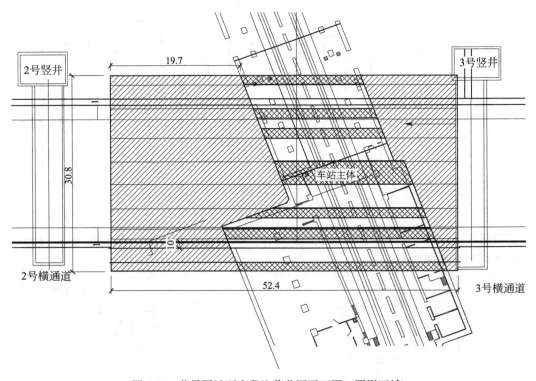

图 5-42　苹果园站下穿段注浆范围平面图（阴影区域）

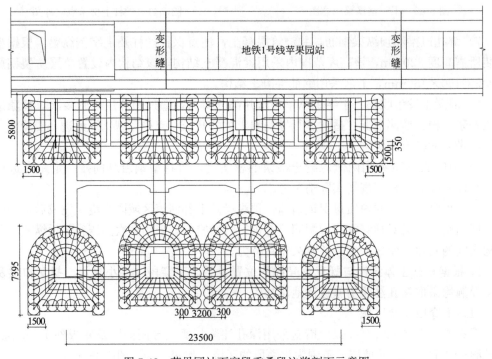

图 5-43　苹果园站下穿段重叠段注浆剖面示意图

具体参数为：

1) 深孔注浆前需要在上台阶核心土范围外的掌子面设置止浆墙，厚度为300mm，采用C20喷射混凝土，并设双层Φ6@150×150mm钢筋网，对于第一道止浆墙需另采用型钢支撑保证稳定。

2) 注浆范围上导洞为侧墙及底板外1.5m，下导洞为全断面外1.5m。效果检测要求采用加固观察法：注浆量达到后，土体空隙填充饱满，无明显水囊，无明显空腔，竖直表面能够自稳。

3) 注浆压力可控制在0.8～1.0MPa，具体根据现场地层及试验确定。

4) 浆液采用水泥—水玻璃双液浆，扩散半径0.5m，注浆孔在初支内侧的环向中心间距由施工单位确定。

及时进行初支和二衬背后注浆，严格控制注浆压力，必要时进行多次补浆。注重加强上层导洞顶部初支背后回填注浆，严格控制密实程度，严防空隙产生。

在施工过程中严格遵循"管超前、严注浆、短开挖、强支护、快封闭、勤量测"十八字方针。

（2）下穿段非重叠区域

下穿段非重叠位置保护措施采用深孔注浆加固顶板上部地层，范围为重叠段以外的区域，参见图5-42、图5-44所示。

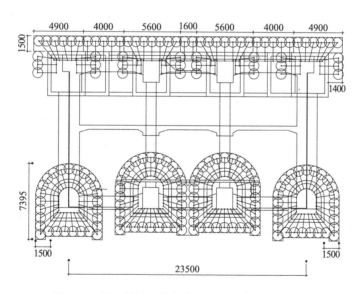

图5-44　苹果园站下穿段非重叠段注浆剖面示意图

5.3.4　监测及巡视情况分析

5.3.4.1　监测措施

新建车站穿越既有线施工过程中，对既有线进行了全面的过程监测，分自动化监测及人工监测两部分。自动化监测主要监测既有线结构变形，人工监测主要监测既有线结构及道床变形，监测点平面布置如图5-45所示。

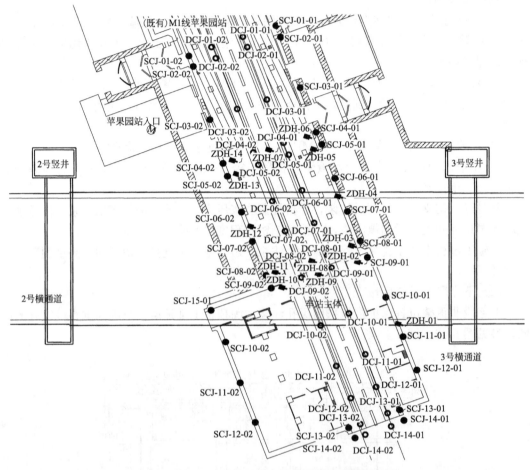

图 5-45　既有线结构及道床结构监测点布设平面图

既有线结构自动化监测点中，共涉及 14 个沉降监测点，平均沉降量为－0.59mm，最大沉降点 ZDH-14，沉降－1.39mm，穿越后沉降速率小于－0.01mm/d，基本稳定。

既有线结构人工监测点中，既有线主体结构沉降监测点 28 个，平均变形量－0.55mm，最大变形测点变形－1.9mm，穿越后沉降速率小于－0.01mm/d，基本稳定。典型既有线结构监测点沉降时程曲线如图 5-46 所示。

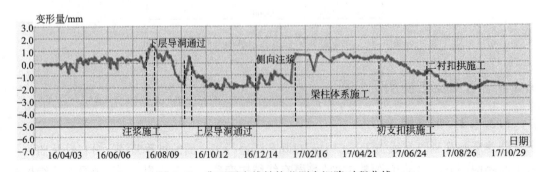

图 5-46　典型既有线结构监测点沉降时程曲线

既有线道床结构监测点中，共涉及 28 个沉降监测点，平均沉降量为−0.87mm，最大沉降测点 DCJ-09-01，沉降−1.9mm，穿越后沉降速率小于−0.01mm/d，基本稳定。典型既有线道床结构监测点沉降时程曲线如图 5-47 所示。

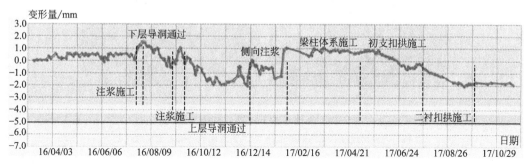

图 5-47　典型既有线道床结构监测点沉降时程曲线

5.3.4.2　巡视措施

施工过程中，对既有线洞内外采取巡视措施确保既有线安全。巡视过程中，主要针对施工前期的地层加固情况，施工过程中的格栅节点连接质量，施工规范性，上下台阶错距情况，初支完成后的回填注浆及时性及注浆质量情况，二衬施工过程中拆撑方案执行、拆撑长度、拆撑过程新建结构稳定性情况等进行。巡视过程中，针对特级风险工程情况，采取开挖面一天至少一次的巡视频率，巡视完成后对巡视过程中发现的问题及风险点进行分析反馈，对能解决的问题，现场联系施工方、监理方解决问题。对特别重要风险问题邀请专家进行巡视，借助专家力量解决问题，保证问题得到妥善处理，保证现场安全风险可控。施工过程现场巡视情况如图 5-48～图 5-51 所示。

图 5-48　新建车站小导洞施工过程现场巡视情况

（a）下层导洞开挖面浆脉；（b）上层导洞开挖面浆脉；（c）下层导洞侧向注浆；（d）上层导洞侧向注浆

(a)　　　　　　　　　　(b)

图 5-49　新建车站下穿段丝杠施工情况

(a) 边导洞丝杠安装施工照片 1；(b) 边导洞丝杠安装施工照片 2

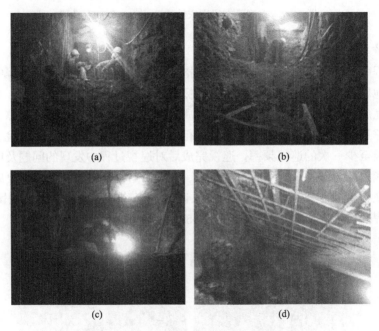

(a)　　　　　　　　　　(b)

(c)　　　　　　　　　　(d)

图 5-50　新建车站初支扣拱施工情况

(a) 边导洞初支扣拱开挖施工；(b) 边导洞初支扣拱可见浆脉；

(c) 中扣拱初支开挖施工；(d) 中扣拱拱顶可见浆脉

5.3.5　风险控制效果评价及建议

新建 6 号线西延工程苹果园站施工过程中，洞内上下层小导洞采取深孔注浆加固方式，小导洞贯通后，辅以丝杠支顶方式进行加固。为控制地层变形，在小导洞贯通后，通过横向注浆方式进行地层加固，加固初支扣拱部位地层。地层变形控制良好。在新建洞桩法车站下穿既有运营车站过程中，既有车站各监测点均小于预警值，施工过程既有地铁车站沉降控制效果好。施工过程中通过深孔注浆、丝杠工艺及背后回填注浆、径向和侧向补充注浆、拱脚注浆等方式提高土体的密实度，降低了沉降速率、减少了总沉降量，使得既有线总沉降量小于 3mm 的控制值，实现了对既有工程的有效保护。

图 5-51　新建车站二衬扣拱施工情况

（a）下穿段拆撑二衬施工（破除初支混凝土）；（b）下穿段拆撑二衬施工（拆除临时支撑）；
（c）下穿段拆撑部位绑扎钢筋；（d）下穿段拆撑部位二衬浇筑

针对新建 6 号线西延苹果园站下穿既有 1 号线苹果园站施工过程的风险管控经验，提出如下建议：

施工前期，通过风险识别及风险分析，可有效发现现场施工过程的风险隐患。施工过程中，针对预分析的风险点进行有针对性的巡视，采用施工过程中纠偏的方法，对现场发现的问题及时整改。

针对下穿运营地铁线路，施工过程需各参建方对每一个施工环节、施工流程加强重视，通过模拟评估分析超前加固措施的有效性，通过过程的严格把关进行控制，可保证既有运营线路的安全，也积攒了经验，为后续类似工程施工提供参考依据。

5.4　田——区间下穿永定河引水渠施工风险控制技术

本节结合田——区间下穿永定河引水渠工程，详细介绍了穿越河湖风险工程设计、施工与安全管理，风险控制措施等内容。并结合现场监测及巡视成果对穿越段地表沉降规律进行分析，对穿越效果进行评价，以期为类似工程的风险控制提供借鉴。

5.4.1　工程概况

5.4.1.1　新建田——区间工程概况

新建田村站——期起点区间为地下区间，自田村站起，沿田村路由西向东敷设，下穿永定河引水渠后转向规划的永定河引水渠南路，向东敷设至六号线一期起点区间。区间沿线地势平缓，略有起伏，地面高度为54～57m，区间沿线地下管线纵横交错。区间隧道需下穿永定河引水渠及其他建（构）筑物、管线等风险工程。区间线路纵向呈"人"字坡，埋深在16～19m之间。区间隧道穿越地层主要为卵石层。地下水类型为潜水，水位位于区间结构以下。田——区间平面布置如图5-52所示。

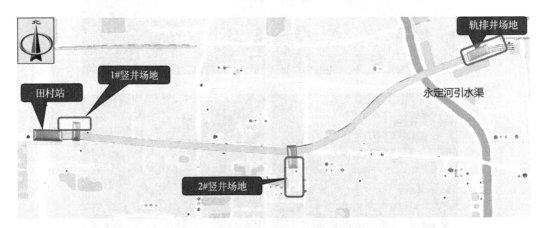

图5-52 田——区间平面布置示意图

5.4.1.2 新建田——区间下穿引水渠概况

田——区间垂直下穿永定河引水渠，永定河引水渠河底宽约25m，河道上口宽约37m。现场情况如图5-53所示。下穿段暗挖区间隧道结构与渠底最小间距处约13.5m。田——区间下穿永定河引水渠平面图和剖面图如图5-54～图5-56所示。

图5-53 永定河引水渠现场图

5.4.1.3 工程地质及水文地质概况

根据地质勘察报告，区间结构范围自上而下依次为粉质黏土素填土①层、卵石素填土①₁层、细砂②₃层、卵石②₅层、卵石⑤层、粉质黏土⑥层、卵石⑦层、卵石⑨层。

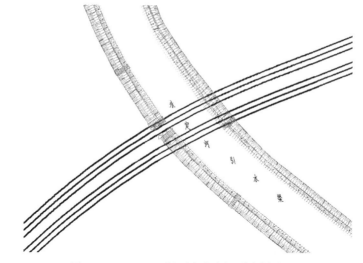

图 5-54　田——一区间下穿永定河引水渠平面图

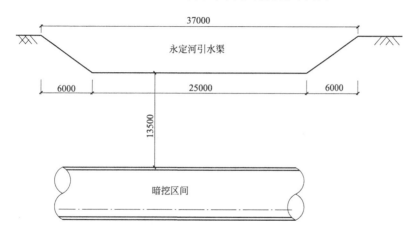

图 5-55　田——一区间下穿永定河引水渠纵剖面图（mm）

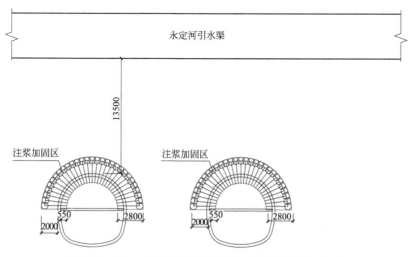

图 5-56　田——一区间下穿永定河引水渠横剖面图（mm）

隧道结构顶板以卵石⑦层为主，围岩稳定性较差，结构顶板不易形成自然应力拱，易塌落，施工时应及时进行支护。隧道侧壁的围岩主要为卵石⑦层及卵石⑨层，围岩自稳能力较差，结构边墙易发生坍塌现象。隧道结构底板的围岩主要为卵石⑦层及卵石⑨层，地基承载力高，压缩性低，工程性质好。穿越段地质剖面图如图5-57所示。

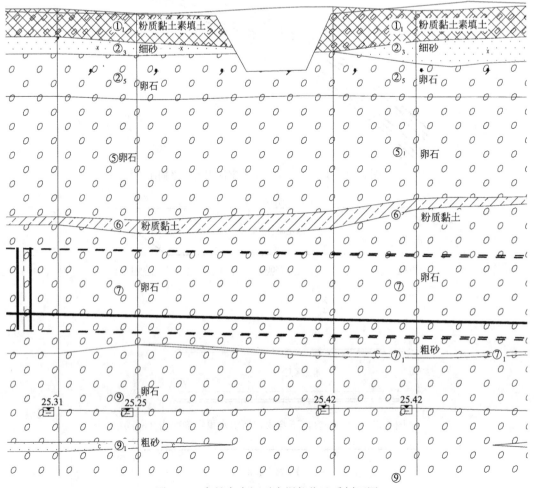

图5-57　穿越永定河引水渠部位地质剖面图

根据勘察可知，深度范围内为一层地下水，地下水类型为潜水（二）。含水层主要为卵石⑨层，稳定水位标高为24.74～25.52m，埋深为29.2～32.7m，主要接受降水及侧向径流补给。本场地近5年最高地下水位标高为29.00m左右。

隧道底板标高为30.20～33.15m，位于地下水位4m以上，无需降水，但开挖过程中应密切观测实际水位，根据实际水位情况采取相应排水或止水措施，确保开挖工作面内无水作业。

5.4.2　主要设计及施工方案

5.4.2.1　下穿段新建结构设计参数

区间主体结构下穿永定河引水渠部位为标准马蹄形断面。该断面采用台阶法施工，结构宽6.2m，高6.5m，注浆范围为结构外2m，范围为引水渠前后10m。具体措施为：

（1）深孔注浆前需要在上台阶核心土范围外的掌子面设置止浆墙，厚度为300mm，采用C20喷射混凝土，并设双层Φ6钢筋网。

（2）注浆范围为拱顶以下0.55m，拱顶以上2.0m，保证注浆后土体加固强度连续均匀，无侧限抗压强度0.5～0.8MPa，具体可根据现场地层条件确定。

（3）注浆压力可控制在0.8～1.0MPa，具体根据现场地层及试验确定。

（4）浆液采用水泥—水玻璃双液浆，扩散半径0.5m。

（5）开挖过程中掌子面若遇到砂层需及时进行注浆加固，保证安全。

（6）注浆管直径Φ46mm，壁厚3mm，布管间距500mm；注浆时在不改变地层组成的情况下，使颗粒间的空隙充满浆液并使其固结，达到改良土层性状的目的。其注浆特性是双液浆快速使地层黏结强度及密度增加，起到加固作用。

（7）布孔、浆液配比、注浆压力、扩散半径等应根据现场试验获得参数并优化，保证图示加固范围，并达到加固效果。下穿段断面结构尺寸及支护形式如图5-58所示。

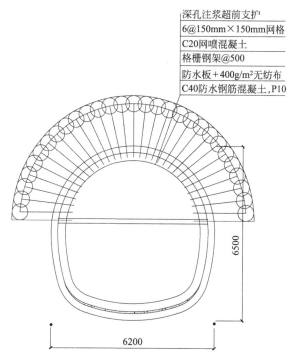

图5-58 下穿段标准断面支护示意图

标准断面初期支护设计参数见表5-10。

5.4.2.2 田——区间施工方案

田——区间隧道下穿永定河引水渠部位采用矿山法施工，为区间标准隧道断面，采用台阶法开挖施工，分上下台阶开挖，循环进尺为0.5m，格栅间距为0.5m，并增设临时横撑。初期支护紧随开挖进行，即由上向下的方式进行。二次衬砌采用从仰拱开始先下后上的方式进行，二次衬砌为C30防水混凝土结构，初期支护与二次衬砌之间设置柔性防水层。

标准断面初期支护设计参数表   表 5-10

项目		材料及规格	说明
初期支护	深孔注浆	注浆:水泥—水玻璃双液浆	注浆管直径 Φ46mm,壁厚 3mm,布管间距 500mm
	锁脚锚管	$DN25\ t=3.25$,钢焊管,注浆:水泥浆	$L=2$m,纵间距:每榀钢架
	钢筋网	Φ6.0@150×150mm	单层铺设,拱墙设置,搭接长度 1 个网格
	喷射混凝土	C20 网喷混凝土	厚度 0.25m
	连接筋	Φ22	单面搭接焊,焊缝长度 10d
	格栅钢架	HPB300/HRB400 钢筋	纵间距 0.5m
临时支护	工字钢	I16	仅在穿越风险源设置
二 衬		C40 防水钢筋混凝土,抗渗等级 P12	厚度 0.3m

台阶法施工工艺流程详见图 5-59。

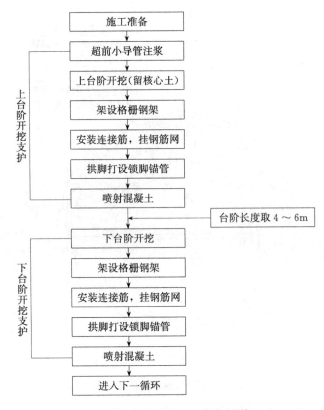

图 5-59 台阶法施工工艺流程图

5.4.3 穿越风险源控制措施

根据设计要求,对隧道下穿永定河引水渠范围内的土体进行无收缩深孔注浆地层加固。地层加固范围为右线位于下穿段及两侧 45m 范围,左线下穿段及两侧 50m 范围。隧道开挖至地层加固范围前 2m 位置时需要停止开挖作业,封闭掌子面,施做厚度为 300mm 的止浆墙,采用双层 Φ6 钢筋网喷射混凝土形成封闭结构。注浆范围为拱顶以下

0.55m，拱顶以上2.0m，确保注浆后土体加固强度连续均匀，加固浆液采用无收缩浆液，注浆压力控制在0.8～1.0MPa。无收缩深孔注浆加固主要工艺为：注浆孔打设→无收缩浆液配置→注浆施工。

1. 注浆孔打设

根据现场地层和试验确定，在砂卵石地层中注浆压力控制在0.8～1.0MPa，浆液扩散半径为0.5m，注浆孔梅花形布置。在洞内进行斜向打孔注浆，正式钻孔前进行试钻，做好钻探详细记录。

钻孔施工过程中先将钻机固定在指定位置，调整钻杆，对准钻孔后进行施钻，在钻进过程中钻机不得移动也不得随意回抽，第一个孔施工时先慢速转动，了解地层对钻机的影响，进而确定在该地层条件下的钻进参数。在钻进过程中密切观察钻孔情况，如出现大量出水、卡钻等异常情况时应立即停止钻进，待查明原因后继续施钻。每钻进一段检查一段及时纠偏，钻孔和注浆顺序由外向内，同一圈孔间隔施工。

2. 无收缩浆液配制

本工程采用改性水玻璃（A液）、水泥基浆液（B液）和专用外加剂（C液）的混合物。改性水玻璃由相同体积的硅酸钠和水组成，水泥基浆液由硅酸盐水泥、外加剂和水组成。其中，A液每200L中含硅酸钠100L、水100L；B液每200L中水泥、膨胀外加剂和减水外加剂含量分别为42%，4.6%，3.2%，其他均为水；C液主要为磷酸钠，其渗入量根据地层与施工经验等确定。外加剂主要用于调节浆液的灌入性和混合液的凝结时间，凝结时间由注浆时的压力和设计要求的扩散范围共同决定。

3. 注浆施工

深孔注浆前需要在上台阶核心土外围外的掌子面设置止浆墙，厚度为300mm，采用C20喷射混凝土并设Φ6钢筋网片，墙内预留钻孔导向管或采取其他导向措施。每环超前注浆长度为10m，为保证各段深孔注浆搭接部位的注浆效果，各环深孔注浆搭接取2m。注浆断面如图5-60所示。

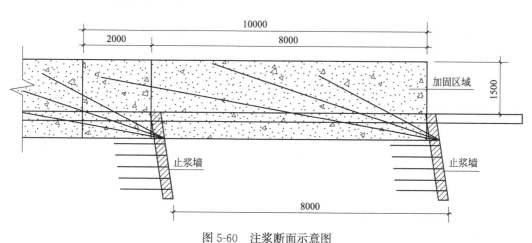

图5-60　注浆断面示意图

本工程无收缩深孔注浆采用二重管水平与斜向放射状后退式。钻机钻到指定位置后，先用清水进行清孔，然后通过注浆泵分别将配制好的浆液导入二重管钻机的注浆管，使浆液均匀混合。回抽钻杆时严格控制回抽幅度，每步≤15～20cm，匀速回抽。

5.4.4 监测及巡视情况分析

5.4.4.1 监测措施

田——区间隧道左右线垂直下穿永定河引水渠，下穿部位对引水渠两侧河堤布设两排监测点，河堤监测点布设平面图如图 5-61 所示。

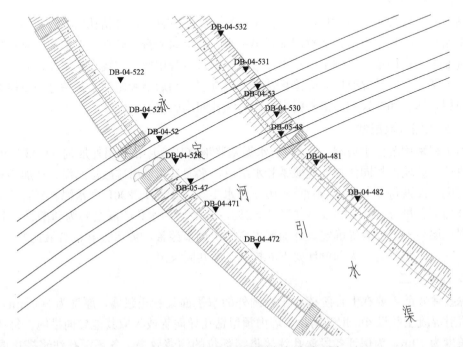

图 5-61 永定河引水渠监测点布设平面图

区间隧道下穿引水渠过程中，永定河引水渠各监测点沉降值在−1.87～4.94mm 之间，差异沉降最大值为 6.84mm，倾斜率为 0.13‰，未超过控制值（2‰）。下穿过程中各监测点变形情况统计表如表 5-11 所示。

永定河引水渠监测成果表　　　　　　　　　　　　　　　　　　　表 5-11

项目	位置	监测点编号	监测值	控制值	状态
沉降	永定河引水渠两侧	DB-04-471	−0.58mm	−30～10mm	正常
		DB-04-472	−1.42mm	−30～10mm	正常
		DB-04-481	−0.16mm	−30～10mm	正常
		DB-04-482	4.94mm	−30～10mm	正常
		DB-04-520	−1.87mm	−30～10mm	正常
		DB-04-521	−0.46mm	−30～10mm	正常
		DB-04-522	−1.55mm	−30～10mm	正常
		DB-04-530	1.8mm	−30～10mm	正常
		DB-04-531	2.95mm	−30～10mm	正常
		DB-04-532	4.53mm	−30～10mm	正常
		DB-04-52	1.75mm	−30～10mm	正常
		DB-04-53	2.8mm	−30～10mm	正常

施工完成后，引水渠河堤最大沉降发生于河堤西岸，两条隧道中间部位最大沉降值为－1.87mm，未超过控制值。施工过程最大变形测点沉降时程曲线如图 5-62 所示。

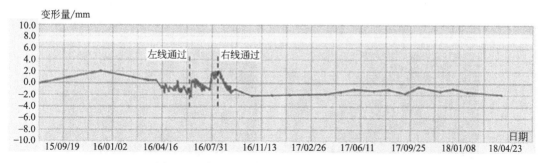

图 5-62　施工过程最大变形测点沉降时程曲线

从图中可以看出，由于超前支护注浆在开挖面到达前，测点呈现隆起状态。开挖面通过后沉降不断发展，待左右线开挖面通过 15～20 天后沉降趋于稳定，最终沉降值为－1.87mm，区间隧道施工对永定河引水渠影响较小，隧道穿越后永定河引水渠风险可控。

5.4.4.2　巡视措施

新建 6 号线西延工程田——区间穿越永定河引水渠过程中，对区间自身结构、地层稳定性、初支结构施工质量、洞内渗漏水、永定河引水渠的变形与裂缝等情况进行了巡视。通过每日的巡视检查，及时反馈现场情况，发现异常时及时停工采取措施，以保证整个穿越过程的安全风险可控。

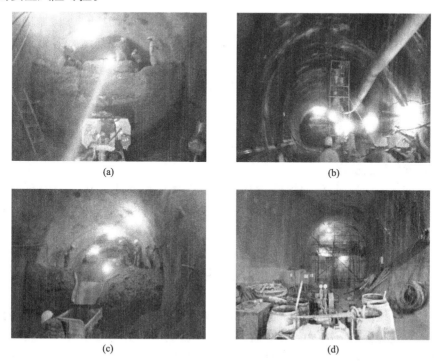

图 5-63　施工过程巡视情况

（a）区间右线向东开挖施工；（b）初支右线向东回填注浆；（c）区间左线向东开挖施工；（d）区间左线向东深孔注浆

通过每日的巡视检查结果表明：整个施工过程基本规范，开挖面可见明显注浆浆脉，施工过程拱顶局部存在渗漏水情况，通过回填注浆及时进行了止水作业，止水效果较好，整个施工过程安全风险可控。施工过程巡视情况如图 5-63 所示。掌子面施工过程深孔注浆加固效果如图 5-64 所示。

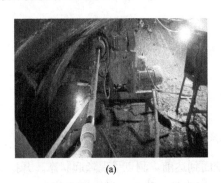

(a)　　　　　　　　　　　　　　(b)

图 5-64　现场深孔注浆及效果图
（a）现场深孔注浆；（b）深孔注浆效果

5.4.5　施工效果评价及建议

田村站——一区起点暗挖区间下穿永定河引水渠选择在枯水季施工，严格按照施工组织设计施工，掌子面开挖台阶长度、各洞室间距、核心土留设、初支回填注浆基本符合设计要求。

从监测资料和现场巡视情况分析可见，田——一区间下穿永定河引水渠施工期间风险控制措施实施效果总体较好，洞内深孔注浆措施保障了掌子面的稳定，整个隧道开挖期间无异常情况，整个施工过程安全风险可控。

针对新建 6 号线西延田——一区间下穿永定河引水渠施工过程的风险管控经验，提出如下建议：

（1）施工过程中，合理安排施工计划，保证风险控制措施实施到位。

（2）砂卵石地层施工过程中，对注浆浆液和注浆方式进行合理评估，保证超前加固措施的效果，确保地层稳定。

（3）暗挖施工穿越河流、湖泊等水体时，宜选择枯水季进行施工，以降低施工风险，施工过程中加强对洞内外渗漏水情况的巡视，发现异常及时采取应急措施，以保证整个施工过程安全风险可控。

5.5　西一廖区间下穿西五环及西黄村桥施工风险控制技术

城市地铁选线规划过程中，一般首选位于城市道路下方进行规划。在城市道路下方修建地铁，不可避免会对道路及各类交通设施产生影响。本节主要结合 6 号线西延西黄村站—廖公庄站区间线路穿越西五环及西黄村跨线桥施工过程的风险控制及控制效果进行论述。

5.5.1 工程概况

5.5.1.1 新建西—廖区间工程概况

西黄村站—廖公庄站区间线路起点位于西黄村站东端，长度约 1599.88m。左、右线沿田村路敷设。起点左、右线间距为 16.935m，之后线路向东延伸，左、右线间距在旁穿西黄村桥桥墩时逐渐增大，左、右线最大间距 52.27m。区间采用矿山法施工，单线单洞马蹄形断面、复合衬砌结构。

西—廖区间平面图如图 5-65 所示。

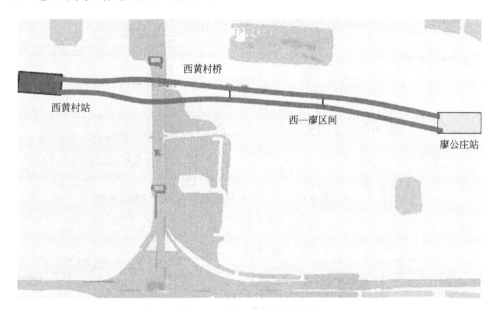

图 5-65 西—廖区间平面图

5.5.1.2 新建区间穿越既有五环路及桥梁概况

西—廖区间隧道均为马蹄形断面，采用矿山法施工区间下穿西五环道路长度约为 42m。区间左、右线分别侧穿西黄村桥桥桩及挡墙，覆土厚度约为 19.9~25.2m。西—廖区间与西黄村桥桥桩及西五环路位置关系如图 5-66 所示。

5.5.1.3 工程地质及水文地质概况

本段区间地面标高 65~61m。地形基本平坦，局部受人工填埋影响偶有起伏。表层为人工堆积层，以杂填土、房渣土为主。其次为新近沉积层的砂卵石层。以下为第四纪沉积层，以卵石、砂土为主。本段卵石地层中分布有大颗粒的漂石，对暗挖注浆施工影响较大，如图 5-67 所示。区间地下水主要为潜水，水位埋深 36.00~38.00m，水位标高 24.87~26.30m，受季节影响，局部可能存在上层滞水。

5.5.2 主要设计及施工方案

5.5.2.1 下穿段新建结构设计参数

西—廖区间主体结构侧穿西黄村桥桥桩及西五环路部位为标准马蹄形断面。该断面采

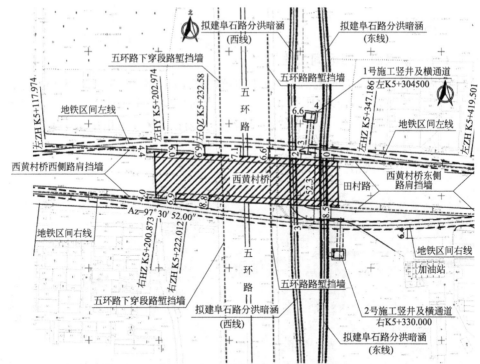

图5-66 西—廖区间与西黄村桥桥桩及西五环路位置关系图

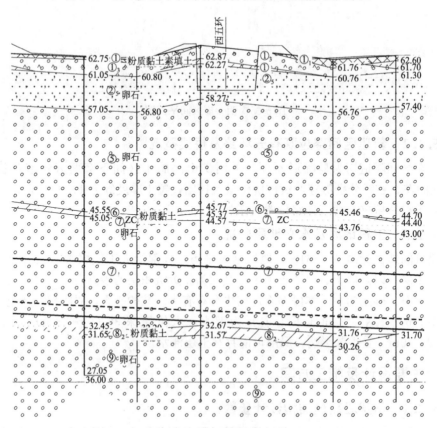

图5-67 工程地质剖面图

用台阶法施工，结构宽 6.2m，高 6.5m，穿越风险源部位主要措施为深孔注浆施工，注浆范围为结构外 1.5m，范围为桩群前后 10m。具体措施为：

（1）深孔注浆前需要在上上台阶核心土范围外的掌子面设置止浆墙，厚度为 300mm，采用 C20 喷射混凝土，并设双层 $\Phi6@150\times150mm$ 钢筋网。对于第一道止浆墙须另采用型钢支撑保证稳定，支撑形式同临时仰拱。

（2）注浆范围径向为拱顶以下 0.5m，拱顶以上 1.5m；环向以临时仰拱顶面为基准加固角度 120°，详见图 5-68。下穿五环路部位加固范围为上半断面，其他同桥桩加固措施，保证注浆后土体加固强度连续均匀，无侧限抗压强度 0.5～0.8MPa，具体可根据现场地层条件确定。

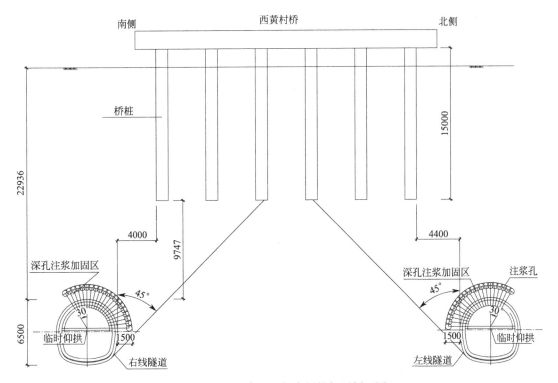

图 5-68 西—廖区间侧穿桥桩加固剖面图

（3）注浆压力可控制在 0.8～1.0MPa，具体根据现场地层及试验确定。

（4）浆液采用水泥—水玻璃双液浆，扩散半径 0.5m，注浆孔环向中心间距 800mm。

（5）开挖过程中掌子面若遇到砂层需及时进行注浆加固，保证安全。

（6）开挖过程中，增设临时仰拱，里程范围与深孔注浆里程范围一致。

（7）侧穿桥梁时，左右线开挖面应前后错开至少 30m。

（8）及时进行初支和二衬背后注浆，严格控制注浆压力，必要时进行多次补浆。

（9）施工过程中加强桥梁的监测和巡视，及时反馈信息，根据监测结果及时调整施工参数，确保桥梁安全，防止产生过大的整体沉降和差异沉降。

（10）应做好相应的应急施工预案，并建立评估及预警机制，一旦超出预警值，采取如下应急预案：地面注浆加固地层；人员暂时撤出。

（11）在施工过程中严格遵循"管超前、严注浆、短开挖、强支护、快封闭、勤量测"十八字方针。

5.5.2.2 西—廖区间施工方案

西—廖区间下穿西五环及旁穿西黄村桥部位为标准马蹄形断面，施工工艺主要为：施做超前深孔注浆加固→达到强度后开挖，进尺一榀格栅间距（0.5m）→架立拱顶及临时仰拱格栅钢架，挂钢筋网，喷混凝土→上下导洞错开不小于一倍洞径，进行上下导洞开挖及支护，初支封闭成环→初期支护背后注浆→下一循环。

区间正线隧道采用上下导洞法施工，上导洞开挖留核心土，其正面投影面积不少于上导洞开挖面积的一半，纵向长度以 2m 为宜。上导洞人工开挖，每一开挖循环长度不大于 0.5m，比下导洞超前距离不小于 1 倍洞径；下导洞根据实际情况选择机械或人工开挖。

待初支贯通后，分段施做仰拱二衬混凝土，拆除临时仰拱，进行二衬闭合成环施工。

5.5.3 穿越风险源控制措施

西—廖区间下穿西五环及侧穿西黄村桥为一级风险工程，施工期间的主要加固措施为：深孔注浆＋临时仰拱。

（1）施工前应对西黄村桥及西五环的结构特征、基础形式、埋深及现状等进行调查，对已有裂缝和破损情况应做好现场标记并记录在案。

（2）采用深孔注浆从洞内加固区间结构与西五环及西黄村桥间的土体，范围为侧穿桩群前后 10m。

（3）深孔注浆施工

为保证施工过程中掌子面及拱顶土体稳定，确保西黄村桥、西五环及施工自身安全，按照设计要求，采用深孔注浆加固隧道拱部土体，为开挖施工创造良好的条件。深孔注浆采用立轴式钻机成孔，利用钻杆直接注浆。钻机注浆适用于任意角度的注浆孔注浆，在钻进至设计位置后，可立即利用钻杆实施注浆。

1）施工机具

钻机：采用适用于卵石层钻孔注浆的立轴式钻机，可以进行垂直孔、斜孔及水平孔的钻孔及注浆施工。

2）注浆范围

深孔注浆加固范围为桥桩群前后 10m。并且每段注浆长度为 12m，搭接 2m。

3）止浆墙施工

在注浆孔钻孔之前，先在导洞上台阶施做止浆墙，在掌子面前方打设 2m 长 Φ22 钢筋锚杆，间距为 500mm×500mm，止浆墙厚 300mm，采用 C20 喷射混凝土，布置双层钢筋网 Φ6@150×150mm，对于第一道止浆墙采用型钢支撑保证掌子面稳定。喷混凝土工艺同初支喷混。深孔注浆纵剖图见图 5-69。

4）注浆试验

正式下穿前，设置试验段，先试钻一个钻孔并注浆，观察注浆量及注浆压力，通过试验调整注浆压力、浆液扩散半径等注浆参数，并确定注浆孔布设范围。

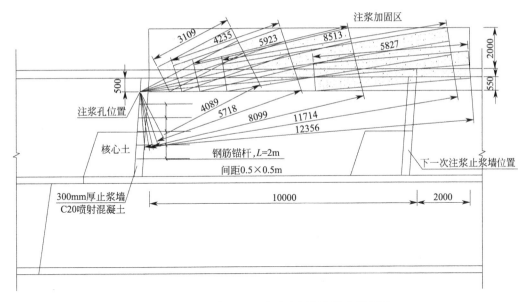

图 5-69　西—廖区间下穿风险源深孔注浆纵剖图

5）主要注浆施工参数

注浆孔环向中心间距 800mm，浆液的最大扩散半径 0.5m。根据地质情况，圆砾卵石及中粗砂层渗漏系数约 60～120m/d，注浆压力 0.8～1MPa。根据现场试验调整浆液凝结时间，一般控制在 1～5min 之内。最大注浆长度约 10m，钻杆前进幅度15～20cm。

5.5.4　监测及巡视情况分析

5.5.4.1　监测措施

西—廖区间隧道左、右线穿越西黄村桥过程中，对西黄村桥挡墙及桥桩布设监测点，监测点布设平面图如图 5-70 所示。

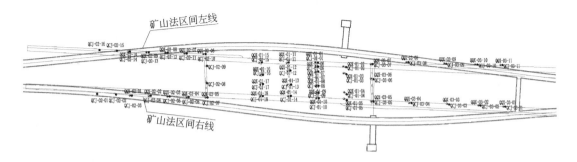

图 5-70　西—廖区间下穿西黄村桥监测点布设平面图

西—廖区间穿越西黄村桥过程中，对桥梁墩柱及挡墙结构进行了过程监测，对最大变形值监测点进行了统计，其变形值如表 5-12 所示。

穿越段监测点变形值统计表　　　　　　　表 5-12

项目	位置	最大变形点号	监测值	控制值	状态
沉降	西黄村桥桥梁墩柱	QCJ-01-01	−3.35mm	−10～10mm	正常
		QCJ-01-02	−3.00mm	−10～10mm	正常
		QCJ-01-03	−3.27mm	−10～10mm	正常
		QCJ-01-04	−0.47mm	−10～10mm	正常
		QCJ-01-05	−2.36mm	−10～10mm	正常
		QCJ-01-07	1.03mm	−10～10mm	正常
		QCJ-01-08	−2.91mm	−10～10mm	正常
倾斜	西黄村桥桥梁墩柱	QQX-01-01	0.06‰	±1‰	正常
		QQX-01-02	0.07‰	±1‰	正常
		QQX-01-03	0.07‰	±1‰	正常
		QQX-01-04	0.11‰	±1‰	正常
		QQX-01-05	0.07‰	±1‰	正常
		QQX-01-07	0.07‰	±1‰	正常
		QQX-01-08	0.04‰	±1‰	正常
		QQX-01-09	0.11‰	±1‰	正常

从表 5-12 可知：西黄村桥沉降最大值点为 QCJ-01-01，沉降值为 −3.35mm，未超过控制值（−10～10mm），其周边倾斜最大值点为 QQX-01-04，倾斜值为 0.11‰，未超过控制值（±1‰），区间隧道施工对西黄村桥影响不大，隧道穿越后西黄村桥整体风险可控。

由图 5-71、图 5-72 可知，西黄村桥各测点沉降值分布集中在 −4～−1mm 之间，结合各测点布设间隔，因此其沉降差异率未超出控制值。区间隧道施工对西黄村桥影响不大，穿越后田村跨线桥风险可控。

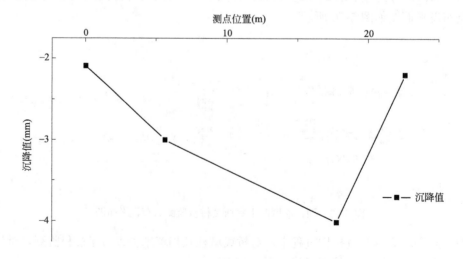

图 5-71　桥桩沉降断面图（西侧）

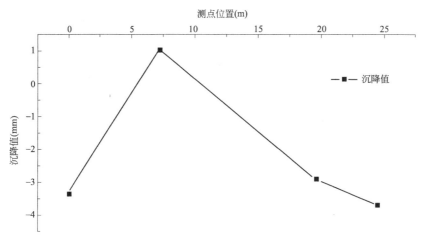

图 5-72　桥桩沉降断面图（东侧）

5.5.4.2　巡视措施

新建 6 号线西延工程西—廖区间穿越西黄村桥过程中，对区间自身结构、地层稳定性、初支结构施工质量、洞内渗漏水及西黄村桥的墩柱、挡墙的变形、裂缝等情况进行了巡视。通过每日的巡视检查，及时反馈现场情况，发现异常时及时停工采取措施，以保证整个穿越过程的安全风险可控。

通过每日巡视检查结果表明：整个施工过程基本规范，开挖面可见明显注浆浆脉，施工过程拱顶无渗漏水情况，未出现拱顶坍塌及超挖情况，整个施工过程安全风险可控，施工过程巡视情况如图 5-73、图 5-74 所示。

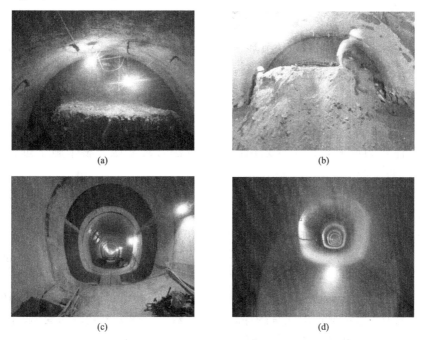

图 5-73　施工现场巡视情况

（a）区间右线穿越桥区开挖施工；（b）初支左线穿越桥区开挖施工；（c）区间二衬施工过程；（d）区间二衬施工完成

图 5-74　西黄村桥巡视情况

(a) 西黄村桥巡视照片 1；(b) 西黄村桥巡视照片 2；

(c) 西黄村桥巡视照片 3

5.5.5　施工效果评价及建议

西—廖区间穿越西黄村桥及西五环施工期间，严格按照施工组织设计施工，掌子面开挖台阶长度、各洞室间距、核心土留设、初支回填注浆基本符合设计要求。

从监测资料和现场巡视情况分析可见，西—廖区间穿越西黄村桥及西五环施工期间风险控制措施实施效果总体较好，洞内深孔注浆措施保障了掌子面的稳定，整个隧道开挖期间无异常情况。根据施工后结构检测结果，施工未影响桥梁结构的正常使用，表明施工总体较为顺利，该工程采用的施工方法合理有效。整个施工过程安全风险可控。

针对新建 6 号线西延西—廖区间穿越西黄村桥及西五环施工过程的风险管控经验，提出如下建议：

施工过程中，应合理安排施工计划，保证风险控制措施实施到位。

砂卵石地层施工过程中，应对注浆浆液和注浆方式进行合理评估，保证超前加固措施的效果，确保地层稳定。

暗挖施工穿越桥梁及道路设施时，宜采取合理的超前加固措施，实施前应做试验段，根据试验段地表变形情况选取适宜的穿越施工参数，以减少风险源的变形，降低施工风险，以保证整个施工过程安全风险可控。

5.6 金—苹区间下穿阜石路高架桥施工风险控制技术

5.6.1 工程概况

5.6.1.1 新建金—苹区间工程概况

新建金安桥站—苹果园站区间，西起金安桥站，东至1号施工竖井。区间沿线东段依次下穿奥特莱斯商场，斜下穿大台铁路，规划S1线，斜下穿阜石门路高架桥（桥桩距离区间结构最近处约2.4m）；区间东段隧道上方为阜石路、苹果园中路、郊野公园。

金—苹区间为复合式衬砌暗挖区间，全长1067.414m，区间大里程端设置故障存车线，长203m。区间正线及故障存车线均采用矿山法施工。区间结构顶板埋深由西向东16~19m。施工阶段，金—苹区间设置两个施工竖井及横通道。金—苹区间穿越阜石路高架桥平面图如图5-75所示。

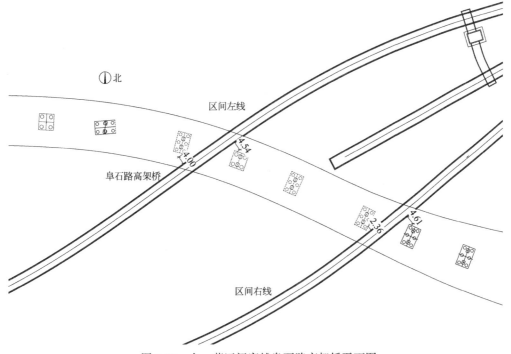

图5-75　金—苹区间穿越阜石路高架桥平面图

5.6.1.2 阜石路高架桥概况

阜石路是北京市东西走向的主要城市道路之一，是西部地区石景山、门头沟与市区联系的重要通道，是连接中心城区与西部地区的城市快速道路。地铁6号线西延工程涉阜石路高架桥174~180号墩区段如图5-76、图5-77所示。该区段桥梁全长195m，共六跨。桥梁上部结构由西向东依次为1×40m简支钢箱梁＋2×30m简支小箱梁＋1×40m简支钢箱梁＋1×25m＋1×30m现浇连续箱梁。桥梁横断面按0.6m（护栏）＋11.5m（行车道）＋0.6m（中央分隔带）＋11.5m（行车道）＋0.6m（护栏）布置，桥面全宽24.8m。下部结构为钢筋混凝土柱式墩，基础为承台接灌注桩，桥面采用沥青混凝土铺装。桥梁建成时间为 2011 年，设计荷载：公路-Ⅰ级，人群 5.0kPa，地震动峰值加速度 0.20g。

图 5-76　阜石路高架桥现浇　　　　　　图 5-77　阜石路高架桥现浇
连续梁现况（174～177 号墩）　　　　连续梁现况（178～180 号墩）

5.6.1.3　工程地质及水文地质概况

金—苹区间主要地层为杂填土①$_1$层、粉质黏土②层、卵石②$_5$层、卵石⑤层、卵石⑦层、卵石⑨层。隧道结构顶板以卵石层为主，隧道侧壁的围岩主要为卵石⑦层及卵石⑨层，隧道结构底板的围岩主要为卵石⑦层及卵石⑨层。

含水层主要为卵石⑨层，稳定水位标高为 34.89～33.48m，埋深为 41.3～42.4m，隧道底板标高为 49.012～52.298m，位于地下水位 8m 以上，无需降水。工程地质剖面如图 5-78 所示。

图 5-78　金—苹区间下穿阜石路高架桥区域地质剖面图

5.6.2 主要设计及施工方案

5.6.2.1 下穿段新建结构设计参数

金一苹区间垂直下穿阜石路高架桥，在拱部及边墙采用深孔注浆加固措施＋临时仰拱对桥桩进行保护。深孔注浆范围为初支内 0.5m 至初支外 1.5m，并在穿越前设置注浆试验段以确定注浆压力，避免因注浆压力过大对桥梁产生不利影响。注浆扩散半径为 0.5m，注浆范围为左线穿越桥桩前后共 40m，右线穿越桥桩前后共 40m。注浆浆液为水泥—水玻璃浆双液浆，深孔注浆施工每循环长度 12m，搭接 2m，加设临时仰拱范围与注浆加固范围一致。

加固后的土体应有良好的均匀性和自立性，掌子面不得有明显的渗水。须保证注浆后土体加固强度连续均匀，无侧限抗压强度 0.5～0.8MPa。

施工时应密切注意土体变化，加强量测，及时反馈量测信息，及时根据量测结果调整支护参数以确保工程质量。

初期支护施工完毕后应及时对其背后多次进行回填注浆，以减少桥桩及地面沉降量。注浆压力控制在 0.2～0.5MPa，严防压力太大出现地面隆起现象。加固区域平、剖面图如图 5-79 及图 5-80 所示。

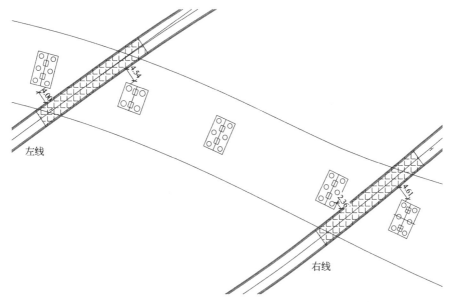

图 5-79　金一苹区间下穿阜石路高架桥加固范围平面图

5.6.2.2 金一苹区间下穿阜石路高架桥施工方案

区间主体结构主要以标准马蹄形断面为主，断面尺寸 6200mm×6500mm，过高架桥风险源地段设置临时仰拱，拱顶设置深孔注浆施工。开挖每循环进尺为：左线、右线标准断面 0.5m（进洞马头门位置处密排 3 榀格栅钢架），上层导洞环形开挖预留核心土，核心土正面投影面积不少于上层导洞开挖面积的一半，纵向长度以 2m 为宜。上层导洞人工开挖，下层导洞与上层导洞错开约 1 倍洞径，取 4～5m，根据实际情况选择人工开挖。具体施工工艺流程图如图 5-81 所示。

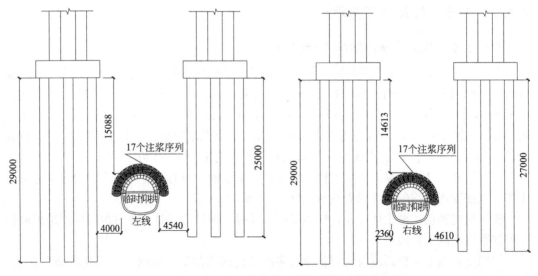

图 5-80 金—苹区间下穿阜石路高架桥加固范围剖面图

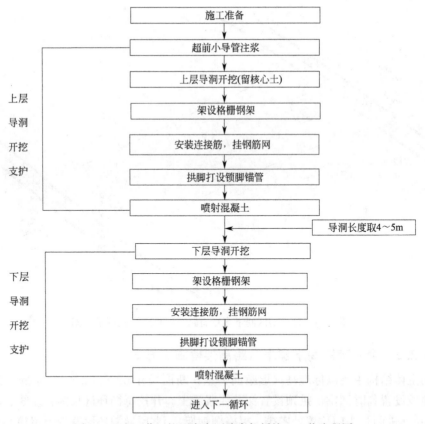

图 5-81 金—苹区间下穿阜石路高架桥施工工艺流程图

针对金—苹区间穿越阜石路高架桥过程，施工处置措施为：

（1）施工前做好对阜石路高架桥调查工作，并在工程实施前组织各产权单位相关负责人参加配合协调会议，进一步收集资料，制定专项保护方案。

（2）严格按照设计施工工序施工，在开挖过程中，严格遵循浅埋暗挖法的"管超前、严注浆、短开挖、强支护、快封闭、勤量测"十八字方针，坚持先护后挖的原则。

（3）严格控制格栅间距，初支格栅步距为 500mm，缩短开挖时间，实现"快封闭"的方针，减少风险，对穿越风险段采取增加临时仰拱并深孔注浆施工方法。

（4）左、右线采用深孔注浆从洞内加固区间结构。

（5）下穿阜石路高架桥左、右线隧道，开挖时开挖面应前后错开至少 20m。

（6）及时打设锁脚锚管并注浆，以防止格栅下沉。

（7）及时喷射混凝土，尽早使初期支护闭合成环。

（8）及时初支背后注浆，保证初支背后密实，控制沉降。

（9）施工过程中加强对阜石路高架桥的监控量测工作，发现问题及时启动应急预案。

5.6.3 穿越风险源控制措施

5.6.3.1 地铁穿越工程对阜石路高架桥梁的安全影响

6 号线西延工程金—苹区间右线于阜石路高架桥 178 号～179 号墩间下穿通过，左线于 175 号～176 号墩间及桥下道路下穿通过。其中 178 号～180 号墩间上部结构为 1×25m＋1×30m 预应力混凝土连续箱梁，175 号～176 号墩间上部结构为 30m 跨简支小箱梁，桥面连续。地铁施工造成的沉降对桥梁及桥下道路可能造成以下几方面影响：

（1）桥梁 178 号～180 号墩间上部结构为 1×25m＋1×30m 预应力混凝土连续箱梁，地铁下穿施工如造成基础的不均匀沉降，会造成结构内力重分布，桥梁控制截面应力增加或变化过大，将影响主梁结构安全。

（2）桥梁 175 号～176 号墩间上部结构为 30m 跨简支小箱梁，174 号～178 号墩间上部结构采用桥面连续。基础不均匀沉降对简支梁内力不会造成影响，但基础纵向不均匀沉降过大会破坏桥面连续，影响桥梁的使用功能。

（3）桥梁基础沉降会影响桥面线形，会对行车舒适性及排水造成一定影响。

（4）桥下道路的沉降过大会影响道路的行车舒适性、耐久性及排水。

5.6.3.2 变形技术指标控制

通过分析桥梁交通状况、结构形式、所处位置的地质情况，提出地铁下穿桥梁施工过程中，阜石路高架桥的控制技术指标如下：

预应力混凝土连续梁（178 号～180 号墩），相邻墩基础竖向（纵向）不均匀变形控制值为 6mm。

简支梁（174 墩～178 号墩）相邻墩竖向（纵向）墩柱间不均匀沉降控制值为 10mm。

墩柱倾斜控制值为 ±1/1000。

桥梁沉降控制值为 −15～5mm。

施工过程中需加强对上述指标的监测，并按标准进行控制，以保证施工过程中阜石路高架桥的正常使用。

5.6.4 监测及巡视情况分析

5.6.4.1 监测措施

金—苹区间隧道左、右线平行下穿阜石路高架桥桥桩，影响范围为左 K1+574.475，右 K1+699.659。桥桩长 29m，左线隧道与最近桥桩外皮水平距离为 4m，右线隧道与最近桥桩外皮水平距离为 2.36m，竖向距离为 14.6m。

施工期间，对穿越区域内的阜石路高架桥桥桩共布置 14 个桥墩沉降监测点、14 个桥墩倾斜监测点，监测平面图如图 5-82 所示。

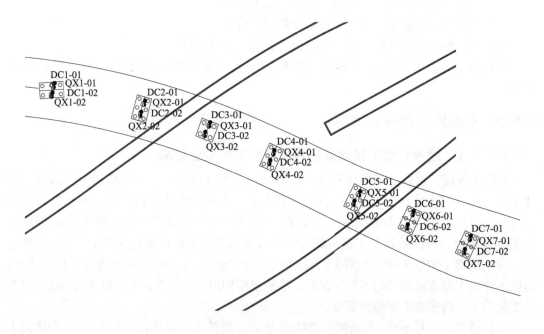

图 5-82　金—苹区间下穿阜石路高架桥施工监测平面图

对邻近穿越隧道两侧桥墩竖向变形及倾斜变形进行监测分析，其监测值变形情况统计表如表 5-13 所示。

阜石路高架桥桥桩监测成果表（部分）　　　　　　　　　　　　表 5-13

项目	位置	最大变形点号	监测值	控制值	状态
桥墩沉降	阜石路高架桥桥桩墩柱	DC2-01	1.6mm	−15～5mm	正常
		DC2-02	1.5mm	−15～5mm	正常
		DC3-01	1.8mm	−15～5mm	正常
		DC3-02	−0.9mm	−15～5mm	正常
		DC5-01	−1.1mm	−15～5mm	正常

项目	位置	最大变形点号	监测值	控制值	状态
桥墩沉降		DC5-02	−2.2mm	−15～5mm	正常
		DC6-01	0.7mm	−15～5mm	正常
		DC6-02	−2.1mm	−15～5mm	正常
桥墩倾斜	阜石路高架桥桥桩墩柱	QX2-01	0.71‰	±1‰	正常
		QX2-02	0.72‰	±1‰	正常
		QX3-01	0.67‰	±1‰	正常
		QX3-02	0.81‰	±1‰	正常
		QX5-01	0.14‰	±1‰	正常
		QX5-02	0.11‰	±1‰	正常
		QX6-01	0.08‰	±1‰	正常
		QX6-02	0.08‰	±1‰	正常

通过对施工现场的动态监测分析结果表明，阜石路高架桥桥墩最大竖向位移变形−2.2mm，未超过控制（−15～5）mm，最大倾斜变形为 0.81‰，未超过控制值（±1‰），区间隧道施工对阜石路高架桥影响不大，未影响桥梁的正常使用。穿越工程完成后，阜石路高架桥整体风险状态可控。

5.6.4.2 巡视措施

新建 6 号线西延工程金—苹区间穿越阜石路高架桥过程中，对区间自身结构、地层稳定性、初支结构施工质量、洞内渗漏水及阜石路高架桥的墩柱、桥梁变形、裂缝等情况进行了巡视。通过每日的巡视检查，及时反馈现场情况，发现异常时及时停工采取措施，以保证整个穿越过程的安全风险可控。

通过每日的巡视检查结果表明：整个施工过程基本规范，开挖面可见明显注浆浆脉，施工过程拱顶无渗漏水情况，未出现拱顶坍塌及超挖情况，整个施工过程安全风险可控，施工过程巡视情况如图 5-83 所示。

5.6.5 施工效果评价及建议

金—苹区间下穿阜石路高架桥施工过程中及完成后，发现桥墩最大沉降 2.1mm，倾斜监测最大值为 0.81‰，均未超控制值，深孔注浆加临时仰拱加固措施对减少地面及桥桩沉降起到十分有效的效果。

从监测资料和现场巡视情况分析可见，金—苹区间穿越阜石路高架桥施工期间风险控制措施实施效果总体较好，洞内深孔注浆措施保障了掌子面的稳定，整个隧道开挖期间无异常情况。根据施工后结构检测结果，施工未影响桥梁结构的正常使用，表明施工总体较为顺利，该工程采用的施工方法合理有效。整个施工过程安全风险可控。

针对新建 6 号线西延金—苹区间穿越阜石路高架桥施工过程的风险管控经验，提出如下建议：

图 5-83 施工现场巡视情况

(a) 穿越部位深孔注浆施工；(b) 左线开挖过程拱顶可见浆脉；(c) 右线开挖过程拱顶可见浆脉；(d) 区间二衬施工完成

施工过程中，施工单位合理安排施工，按照设计要求施工，安全措施到位。

砂卵石地层施工过程中，宜对超前加固措施的可实施性进行评估，保证超前措施有效，确保地层稳定。

超前加固地层施工过程需结合场地特点进行注浆试验，以获取适应于开挖地层的注浆参数，保证加固效果，从而保证安全风险可控。

5.7 苹果园南路站下穿市政管线施工风险控制技术

在我国城市建设中，城市地铁施工的关键环节之一是地下市政管线。地铁施工与市政管线间存在着相互影响，开挖施工过程如何降低对邻近管线的影响是地铁施工中风险控制的重点和难点。因此，在建设施工之前，务必对城市地下市政管线的线路分布情况进行全面调查分析。正确预测由于开挖对管线受力和变形造成的影响，结合管线的使用功能、埋设年代、材质、构造、接头形式等因素，借助已有的控制标准对管线的安全状态做出评价，定量掌握地铁施工对管线的影响程度，以便在施工中做出比较合理的技术决策和应对措施。

5.7.1　暗挖工程对地下管线的影响

5.7.1.1　地下管线的分类

市政管线从使用功能上可以分为给水管、排水管、供热管、燃气管、工业管、电力电缆和通信电缆等。从材质上主要分为铸铁管、钢管和混凝土管。给水管使用最广泛的为铸铁管和钢管;排水管主要为钢筋混凝土管;供热管、燃气管一般采用无缝钢管。表5-14为北京地区给水排水及燃气管道的基本资料。

北京地区给水排水及煤气管道基本资料　　　　　表5-14

名称		公称直径范围(mm)	给水	排水	燃气	接口形式		接口性质
铸铁管	连续铸铁管	75～1200	可用	可用	可用	承插式		刚性
	砂型离心铸铁管	200～1000	可用	可用	可用	承插式		刚性
	梯唇型橡胶接口铸铁管	75～600	可用	可用	可用	承插式梯唇型橡胶圈		柔性
	离心铸造球墨铸铁管	100～1200	可用	可用	可用	柔性接口	机械式	柔性
							滑入式	
预应力钢筋混凝土管	振动挤压工艺	400～2000	可用	可用	不可用	承插式		刚性
	管芯绕丝工艺	400～3000	可用	可用	不可用	承插式		刚性
钢管	普通焊接钢管	<1600	可用	可用	可用	直缝焊接		刚性
	不锈钢焊接钢管	<630	可用	可用	不可用	焊接		刚性
	不锈钢无缝钢管	<426	可用	可用	不可用	焊接		刚性

5.7.1.2　管线破坏形式

地铁施工过程中引起土体位移对管线造成的影响主要表现为:(1)管线周围土体的竖向位移引起的管线弯曲应力增加及接头转角增大;(2)土体对管线的拉压作用引起接头脱开以及管体拉压应力的增加。管土的相互作用主要与管线的材质、直径、刚度、接头类型及所处位置有关。

根据工程结构设计,土体位移在地下管线中产生的附加应力或变形超出管线的允许应力或变形后,管线就会产生破坏。过度的屈服、接头张开、脱开和管线的破裂都会引起管线系统丧失功能。地下管线的各种破坏形式见表5-15。

地下管线破坏形式　　　　　表5-15

破坏形式	破坏示意图
梁式断裂	硬　软　硬

破坏形式	破坏示意图
拉断	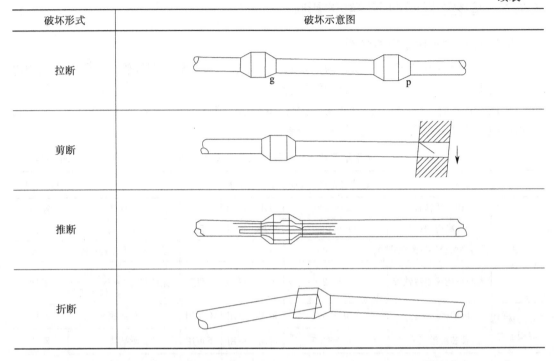
剪断	
推断	
折断	

城市给水、排水、燃气管道等因施工引起的不均匀沉降，导致管道漏水、排水不畅、漏气，都将直接影响市民生活及工业生产。更严重的是易燃气体输送管道如燃气等，因外力发生破损进而引起爆炸时，将对人民的生命财产安全造成巨大威胁。同时管线的破坏还会带来次生灾害，会对地铁施工产生附加影响，进一步增大现场的损失，因此有效控制地铁施工过程市政管线的安全显得尤为重要。

5.7.2　工程概况

5.7.2.1　新建苹果园南路站工程概况

苹果园南路站位于东西向苹果园南路和杨庄大街、苹果园大街交叉路口东南侧，苹果园南路南侧绿化带内，沿东西向设置。苹果园南路北侧为住宅小区，南侧为大台铁路，铁路南侧为住宅及大学公寓，距离车站较远。苹果园南路站平面图如图 5-84 所示。车站全长 259.65m，拱顶覆土厚度约为 6.885～7.685m，结构断面净宽 23.0m，底板埋深约24m。本车站共设置 3 个出入口、4 座风井（排风和新风井分开）及风道、1 个安全出入口（与 2 号风井合建）及 1 个无障碍出入口（与 1 号出入口合建）。

苹果园南路站主体结构为双层三跨结构，地下一层为站厅层，地下二层为站台层。车站主体采用洞柱法（PBA）施工。

5.7.2.2　既有市政管线概况

苹果园南路站位于苹果园南路与杨庄大街交汇口东侧，苹果园南路南半幅及路南绿地下方。苹果园南路暗挖车站位置上方管线现状主要有 Φ900 污水、100mm×40mm 电力、Φ500 燃气、Φ1000 上水、74mm×52mm 通信、Φ1800 雨水、60mm×36mm（74mm×

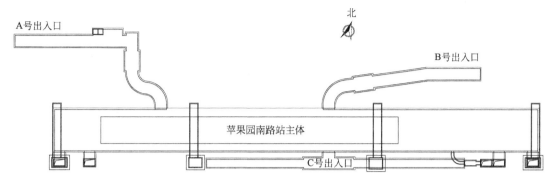

图 5-84 苹果园南路站平面图

38mm）通信管线。

受影响较大管线包括 $\Phi 1800$ 雨水管、$\Phi 1000$ 污水管（原设计 $\Phi 900$ 污水，经排水集团调整为 $\Phi 1000$ 污水）、$\Phi 1000$ 上水管、$\Phi 500$ 燃气管。

5.7.2.3 工程地质及水文概况

苹果园南路站主要穿越地层依次为①$_1$ 杂填土层、② 粉土填土、③$_3$ 卵石填土层、⑤卵石层、⑦卵石层、⑨卵石层。车站范围内存在一层地下水，主要为潜水层（二），水位埋深 39.76m，位于车站底板下 14m 左右。苹果园南路站工程地质剖面如图 5-85 所示。

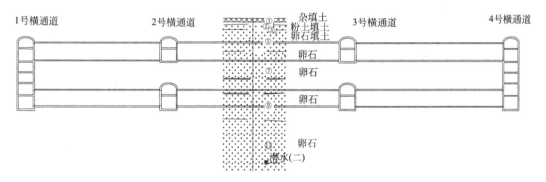

图 5-85 苹果园南路站工程地质剖面图

5.7.3 主要设计及施工方案

5.7.3.1 车站主体设计参数

苹果园南路站车站主体结构采取双层三跨结构，车站断面初支段宽 25.1m，主拱初支高度为 17.335m；断面 8 个小导洞，小导洞初支厚度为 300mm，大拱初支厚度为 350mm，小导洞侧边洞内施工 $\Phi 1000$ 灌注桩@1600，中导洞内施工 $\Phi 800$ 钢管柱。顶板厚度为 700mm，侧墙为 750mm，端墙 800mm，底板为 1100mm，均采用 C40、P10 混凝土。车站双层段标准断面如图 5-86 所示。

小导洞及扣拱初期支护参数详见表 5-16。

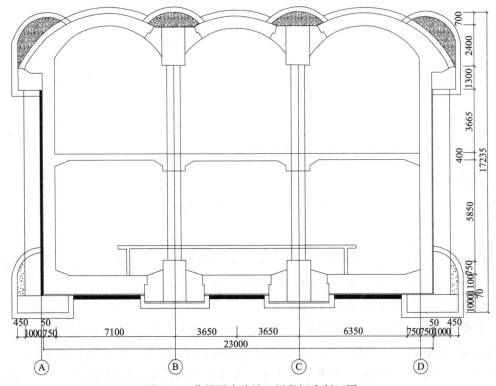

图 5-86 苹果园南路站双层段标准断面图

小导洞及扣拱初期支护参数表　　　　　　　　　　表 5-16

项目		材料及规格	施工参数
小导洞初期支护	超前小导管	$\Phi32$ 钢焊管,$t=3.25mm$,$L=1.8m$	纵向每榀打设,环向间距 0.3m,外插角 $10°\sim15°$,浆液采用水泥-水玻璃双液浆
	格栅钢架	主筋、桁架筋 HRB400 钢筋	纵向间距 0.5m
	纵向连接筋	$\Phi22$HRB400 钢筋	环向间距 1.0m,内外双层交错布置
	钢筋网片	$\Phi6@150\times150$mm	背土侧单层设置
	喷射混凝土	C20 混凝土	厚度 300mm
	拱脚锁脚锚管	$\Phi32$ 钢焊管,$t=3.25mm$,$L=1.5m$	每循环拱脚打设,角度 $30°\sim45°$斜向下打设,每处拱脚打设 1 根。浆液同超前注浆
	背后注浆管	$\Phi32$ 钢焊管	环向间距起拱线以上 2m,边墙 3m,纵向间距 3m。梅花形布置。注浆深度为初支背后 0.5m
扣拱初期支护	超前小导管	$\Phi32$ 钢焊管,$t=3.25mm$,$L=2.0m$	纵向每榀打设,环向间距 0.3m,外插角 $10°\sim15°$,注水泥浆
	格栅钢架	主筋、桁架筋 HRB400 钢筋	纵向间距 0.5m
	纵向连接筋	$\Phi22$HRB400 钢筋	环向间距 1.0m,内外双层交错布置
	钢筋网片	$\Phi6@150\times150$mm	内外双层铺设
	喷射混凝土	C20 混凝土	厚度 350mm
	初支背后注浆管	$\Phi32$ 钢焊管	环向间距 2m,纵向间距 3m。梅花形布置。注浆深度为初支背后 0.5m

5.7.3.2 车站主体施工方案

1. 施工工序

苹果园南路站采用 PBA 暗挖逆做法施工, 施工工序说明:

第一步 (图 5-87), 在临时施工横通道内施做深孔注浆或超前小导管, 注浆加固地层; 小导洞开设顺序为先下后上, 两侧下边洞进尺 9m 后, 开设一侧下中导洞, 再施工两侧上边导洞马头门。依次开设另一侧下中导洞、上中导洞, 保证导洞间错开距离满足要求。上下施工导洞掌子面距离不应小于 15m, 左右相邻导洞掌子面错开间距不小于 2 倍洞径 (9m)。每循环开挖后应及时施做初期支护。

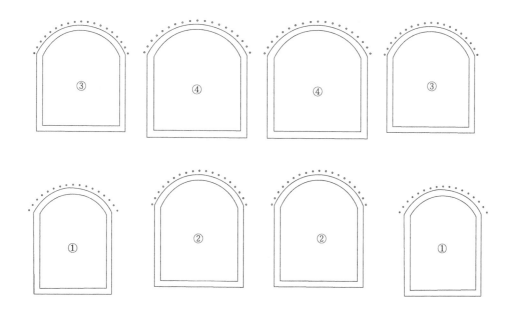

图 5-87 PBA 工法施做工序一

第二步 (图 5-88), 导洞贯通后, 在下边导洞内浇筑围护边桩施工条形基础, 在下中导洞内铺设防水板并浇筑结构底纵梁。然后采用人工挖孔开挖边桩和钢管柱, 施做边桩及中间钢管柱后, 浇筑桩顶冠梁, 铺设防水层, 施做顶纵梁, 顶纵梁内预埋钢拉杆。边导洞内施做初支, 初支与导洞间采用 C25 混凝土回填。

第三步 (图 5-89), 台阶法开挖中跨Ⅱ部土体然后开挖Ⅰ、Ⅲ部土体前后错开不小于 20m, 施工顶拱初期支护, 注浆加固, 开挖步距同格栅间距并加强监控量测。施工过程中不得拆除施工导洞初期支护。

第四步 (图 5-90), 自相邻横通道中间位置向横通道方向分段拆除中间施工导洞侧墙初期支护, 然后铺设中跨拱部防水层, 浇筑中跨二衬主体结构拱部。拆除初支和浇筑二衬结构时Ⅱ部先行, 与Ⅰ、Ⅲ部前后纵向错距不小于两跨, 浇筑Ⅱ部二衬后及时安装中跨顶纵梁钢拉杆。车站端墙与拱部同步逆作浇筑。

第五步 (图 5-91): 顶拱二衬施工完成后, 沿车站纵向分为若干个施工段, 在每个施

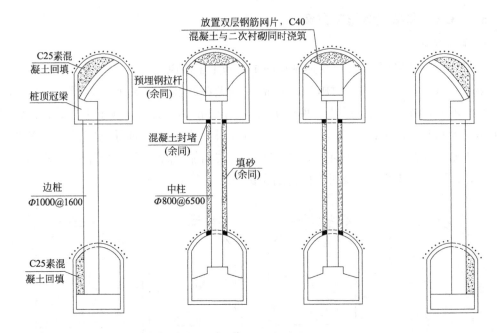

图 5-88　PBA 工法施做工序二

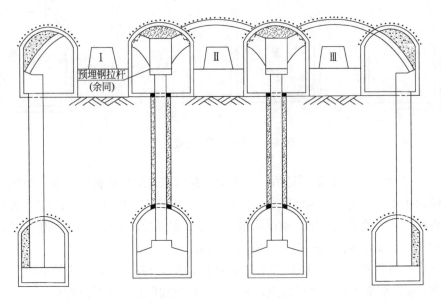

图 5-89　PBA 工法施做工序三

工段分层开挖土体至中楼板下 0.2m 处，分段施工中楼板梁、中楼板及土建风道，并施工侧墙防水层、保护层及侧墙。

第六步（图 5-92）：继续向下开挖土体至基底，施工底板防水层及底板，然后施工侧墙防水层及侧墙。施工车站结构内部构件，拆除钢拉杆，完成车站结构施工。

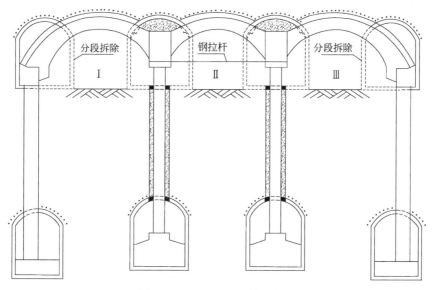

图 5-90　PBA 工法施做工序四

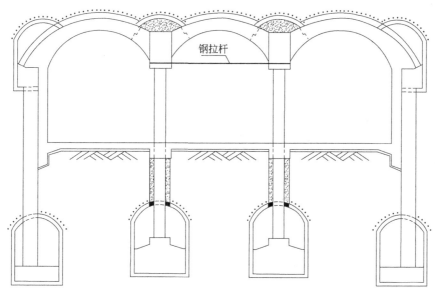

图 5-91　PBA 工法施做工序五

2. 小导洞马头门施工

车站主体小导洞马头门采用隔洞跳开的方法破除。具体施工步序为：

采用小导管注浆超前加固马头门部位拱部土体，在小导洞马头门位置处架工字钢，并与临时仰拱可靠连接，环形破除小导洞拱部横通道初支结构，进口部位三榀格栅密排架设，破除横通道格栅主筋，竖向连接筋与小导洞第一榀格栅可靠焊接，马头门上下台阶开挖施工错开 5m，及时进行初期支护施工尽快封闭。

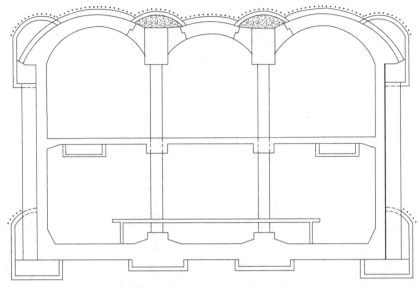

图 5-92　PBA 工法施做工序六

5.7.4　穿越风险源控制措施

5.7.4.1　周边管线调查方法

施工准备阶段应对车站主体周边地下管线进行详细周密的调查，通过查阅相关地下管线资料图，核实地下管线的实际位置及高程；邀请相关地下管线管理单位踏勘现场，完善地下管线资料；派遣专业人员摸排管线，掌握地下管线位置、走向、高程、尺寸及材质。

5.7.4.2　地下管线情况

苹果园南路站地下管网密集，包括上水管、雨水管、燃气管、污水管、电力等在内的数条地下管线纵横交错。苹果园南路站主要风险工程为车站上方的 $\Phi1000$ 上水管、$\Phi900$ 污水管、$\Phi1800$ 雨水管、$\Phi800$ 燃气管、$\Phi300$ 燃气管、$\Phi500$ 燃气管和邻近大台铁路。管线的位置平面如图 5-93 所示，剖面如图 5-94 所示。

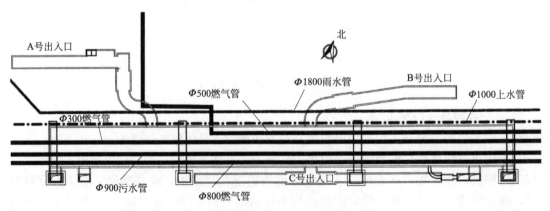

图 5-93　苹果园南路站主要管线位置平面图

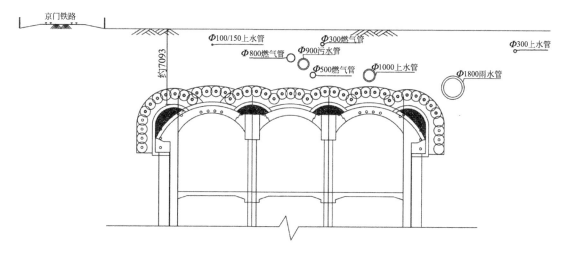

图 5-94　苹果园南路站主要管线位置剖面图

苹果园南路站主体结构周边影响范围内的管线调查情况如下：

施工影响范围内包含 1 条 Φ1800 雨水管线，距边导洞水平净距 1200mm，高于边导洞 600mm，与车站暗挖主体平行；1 条 Φ1000 上水管与管底竖向净距为 1900mm，与车站暗挖主体平行；1 条 Φ300 燃气管与管底竖向净距 5300mm，与车站暗挖主体平行；1 条 Φ500 燃气管与管底竖向净距为 2300mm，与车站暗挖主体平行；一条 Φ800 燃气管与管底竖向净距 2000mm，与车站暗挖主体平行；一条 Φ900 污水管与管底竖向净距为 3200mm，与车站暗挖主体平行。

5.7.4.3　周边管线保护措施

1. 一般施工保护措施

（1）施工前对管线进行调查，根据调查信息指导施工。

（2）施工时严格遵循"十八字"方针，加强管理，严格按有关工序图施工。

（3）施工至管线下方时，应加强超前探测，探明前方土质情况，用以指导施工，遇到前方地质情况不好或有轻微塌方时加强超前注浆。

（4）加快施工进度，及时封闭成环，成环后及时进行初期支护和二次衬砌背后回填注浆，确保拱顶回填密实，监测变形过大时采取多次补浆。

（5）加强监控量测，沿管线方向布置监测点，监测数据及时反馈给施工单位，以指导施工。

（6）后期施工中如遇到监测变形过大，及时与产权单位联系，并会同各方采取二次补浆措施。

2. 带水管线的专项保护措施

雨、污水管雨季施工期间应加强对管沟内积水进行调查；如超前探测遇到渗漏水现象严重时应停止施工，及时与产权单位联系，并召开四方会议确定导流或施做套管方案。

明确上水管管线产权单位联系方式和管线阀门位置。施工过程中重点对管线接点及阀门位置进行监测。

5.7.5 监测及巡视情况分析

5.7.5.1 监测措施

苹果园南路站受施工影响的管线类型有上水管、燃气管、雨水管、污水管,共布设86个沉降测点,监测点平面布置图如图5-95所示。各类型管线布设测点个数及沉降平均值见表5-17。

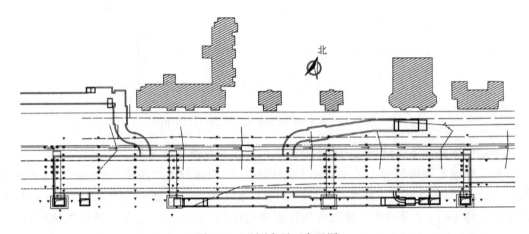

图5-95 监测点平面布置图

各类型管线布设测点个数及沉降平均值统计表   表5-17

管线类型	测点个数(个)	沉降平均值(mm)
上水管线沉降	25	−5.18
燃气管线沉降	22	−7.54
雨水管线沉降	19	−7.41
污水管线沉降	20	−4.23
合计	86	−4.84

由图5-96、图5-97可知,车站主体上方北侧平行侧穿的$\Phi1800$雨水管大部分测点累计沉降值均未超过控制值(−20~10mm,±2‰)。在施工过程中没有产生较大的差异沉降率,该管线沉降较均匀。

由图5-98、图5-99可知,车站主体上方北侧平行下穿的$\Phi1000$给水管共有四个测点超过控制值(−10~10mm),其中一个测点于短期内急速隆起,隆起值为102.49mm,严重超出控制值。造成这种现象的原因为该测点在测量后期遭到干扰,因此出现沉降值异常情况。其余各测点倾斜均未超控制值,该管线沉降较均匀。

由图5-100、图5-101可知,车站主体上方平行下穿的$\Phi900$污水管累计沉降共计一个测点超过控制值(−20~10mm),该测点沉降值为−23.95mm。其于扣拱施工阶段沉降曲线表现出明显下降趋势,扣拱施工完毕后沉降值为−21.11mm,因此应针对扣拱施工

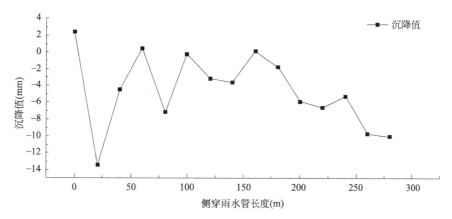

图 5-96　苹果园南路站 Φ1800 雨水管沉降曲线图

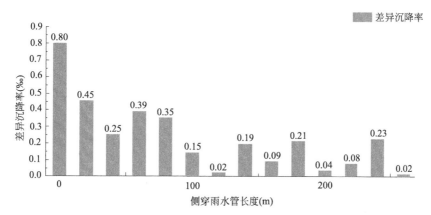

图 5-97　苹果园南路站 Φ1800 雨水管差异沉降率图

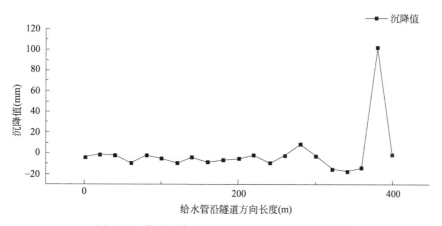

图 5-98　苹果园南路站 Φ1000 给水管沉降曲线图

阶段进行严格的超前支护。各测点倾斜均未超控制值，该管线沉降较均匀。

由图 5-102、图 5-103 可知，车站主体上方平行下穿的 Φ500 燃气管累计沉降共计 10 个测点超过控制值（−10～10mm），其中最大沉降值为−25.85mm。其导洞与扣拱施工阶段对该测点沉降影响较大，各测点倾斜均未超控制值，该管线沉降较均匀。

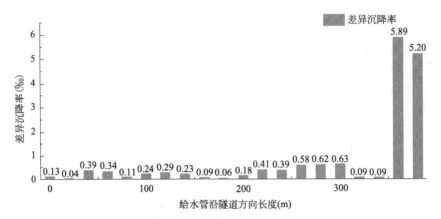

图 5-99 苹果园南路站 Φ1000 给水管差异沉降率图

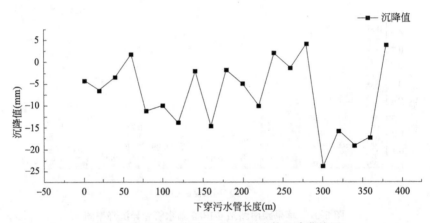

图 5-100 苹果园南路站 Φ900 污水管沉降曲线图

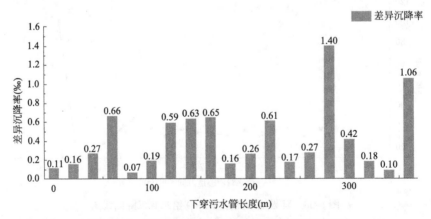

图 5-101 苹果园南路站 Φ900 污水管差异沉降率图

  从以上监测数据来看，虽然采取各种变形控制措施，但仍有部分沉降测点超过控制值；由于管线的差异沉降率（倾斜值）控制较好，因此管线均完好无损，说明差异沉降率的控制是管线保护的关键。

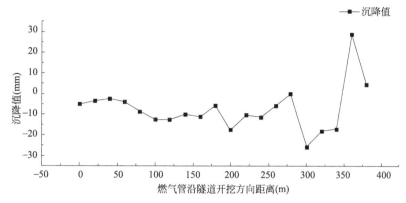

图 5-102　苹果园南路站 Φ500 燃气管沉降曲线图

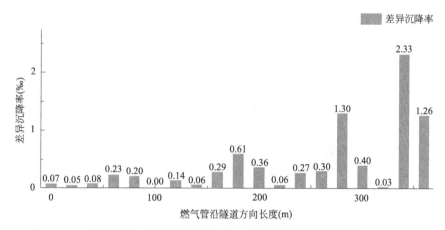

图 5-103　苹果园南路站 Φ500 燃气管差异沉降率图

5.7.5.2　巡视措施

苹果园南路站主体结构采用"PBA"法施工，隧道所处地层主要为砂卵石地层，施工过程中情况基本正常，整体风险可控。但也存在局部核心土留设较小、拱顶超挖、节点板连接质量差、小导管打设数量不足、深孔注浆压力过大等情况，施工现场如图 5-104所示。

5.7.6　施工效果评价及建议

苹果园南路站自开挖至二次衬砌完成，暗挖车站主体上方污水管、给水管、雨水管、燃气管沉降控制良好。其中个别管线出现隆起现象，其原因是洞内二衬背后回填注浆压力过大。车站主体及附属工程在施工过程中较为规范，安全风险可控。

针对本次苹果园南路站下穿市政管线工程提出以下建议：

（1）在施工过程中合理安排工序、加强施工管理，避免出现不加固地层即开挖和地层超挖等问题。

（2）深孔注浆施工时控制好注浆压力，避免因注浆引起的地面隆起过大。

图 5-104　施工现场图片（一）

（a）车站下层小导洞开挖；（b）主体上层小导洞开挖；（c）边桩施工；（d）底纵梁绑扎钢筋施工；

（e）初支扣拱施工；（f）拆撑二衬扣拱施工；（g）拆撑二衬扣拱施工；（h）二衬扣拱部位浇筑混凝土

(i)　　　　　　　　　　　　　　　　　　　(j)

图 5-104　施工现场图片（二）
(i) 站厅层施工；(j) 站台层施工

（3）施工过程中应有效利用深孔注浆加固地层作用，有效减小 PBA 车站上覆地表的沉降变形值。

5.8　苹果园南路站附属工程邻近居民楼施工风险控制技术

城市地铁车站大多设在繁华地段，周边建筑物多，交通压力大，其附属工程不可避免地与周边建筑物邻近。苹果园南路站附属工程（A、B 出入口）邻近 14 层建筑物及两栋 3 层建筑物。本章主要围绕苹果园南路站附属设施（A、B 出入口）邻近重要风险源，从施工加固措施、监测等方面进行详细阐述。

5.8.1　工程概况

5.8.1.1　车站概况

本车站为岛式站台，车站总长为 259.65m，轨顶标高 49.115m（路面标高 70.54m）。车站拱顶覆土厚度约为 6.885～7.685m，结构断面净宽 23.0m，底板埋深约 23～24m。本车站共设置 3 个出入口、4 座风井及风道、1 个安全出入口及 1 个无障碍出入口。

5.8.1.2　出入口概况

苹果园南路站共设置 3 个出入口。其中 A 出入口设置在苹果园南路与苹果园大街交叉路口的东北角，位于拟建苹果园南路商业办公楼项目地块内，与该项目一体化建设；B 出入口设置在苹果园南路北侧，位于道路红线绿地内，周边紧邻首钢苹果园一区小区，最近距离 4.05m。A、B 出入口平面布置如图 5-105 所示。

5.8.1.3　工程地质及水文概况

A、B 出入口自上而下穿越地层依次为：基本土层①$_1$ 杂填土层、粉土②层、卵石⑤层、卵石⑦层。卵石⑤层一般粒径 30～70mm，最大粒径不小于 420mm，粒径大于 20mm 的含量约 50%～75%，亚圆形、中粗砂、黏性土充填。卵石⑦层最大粒径不小于

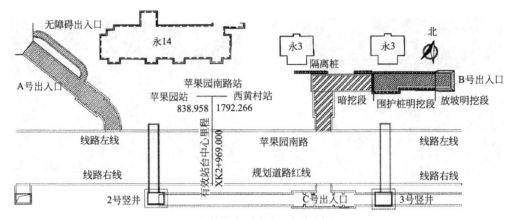

图 5-105　A、B 出入口平面布置

380mm，一般粒径 30～60mm，粒径大于 20mm 颗粒约占总质量的 70%，中粗砂、黏性土充填。车站附属结构 A、B 出入口位于地下水位以上，不考虑潜水（二）的影响。A、B 出入口地质剖面图如图 5-106、图 5-107 所示。

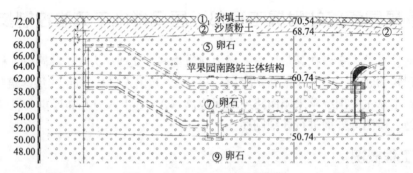

图 5-106　A 出入口地质剖面图

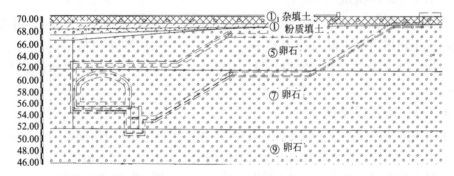

图 5-107　B 出入口地质剖面图

5.8.2　主要设计及施工方案

5.8.2.1　A、B 出入口设计参数

1.A 出入口暗挖段主体结构采用直墙拱形断面，分 3-3、4-4、5-5、6-6、8-8、9-9 六

种断面。部分典型断面如图 5-108 所示。初期支护参数详见表 5-18。

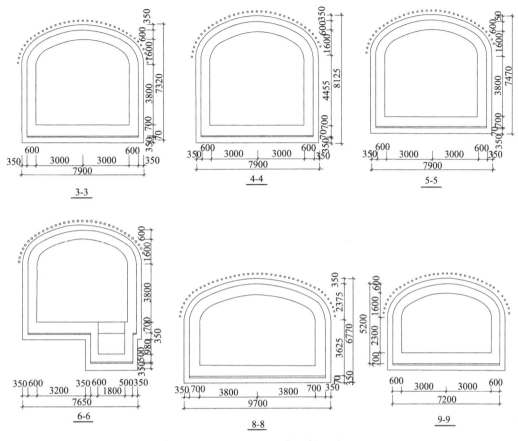

图 5-108　A 出入口典型断面图

2. B 出入口暗挖段主体结构采用直墙拱形断面,分 4-4、5-5、6-6、11-11、12-12、13-13 六种断面。部分典型断面如图 5-109 所示。初期支护参数详见表 5-18。

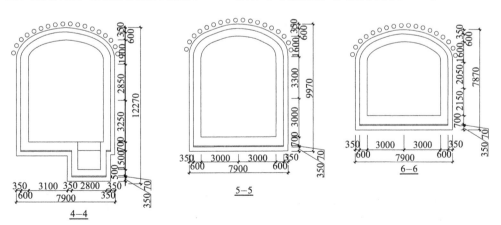

图 5-109　B 出入口典型断面图（一）

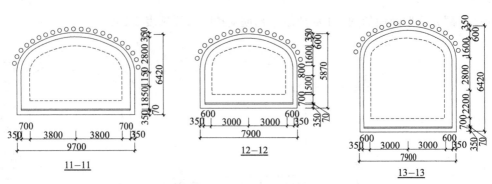

图 5-109　典型断面图（二）

A、B 出入口暗挖段设计参数表　　　　　　　　表 5-18

项目		材料及规格	结构尺寸
初期支护	超前小导管及注浆	$\Phi32\times3.25$mm 热轧钢管，初支厚度 300mm 时，$L=1.9$m；初支厚度 350mm 时，$L=2.0$m；浆液采用普通水泥浆（细砂层采用改性水玻璃浆）	纵向间距 0.5m，环向间距 0.3m，外插角 18°～22°
	锁脚锚管	$\Phi32\times3.25$mm 热轧钢管浆液采用普通水泥浆（细砂层采用改性水玻璃浆）	$L=1.5$m，与水平面夹角 45°，纵向间距：每榀钢格栅
	钢筋网片	$\Phi6@150\times150$mm	初支厚 300mm 时单层设置，初支厚 350 为双层设置
	纵向连接筋	$\Phi22$，HRB400 钢筋	环向间距 1.0m，内外双层布置
	喷射混凝土	C20 混凝土	厚度 300mm、350mm
	格栅钢架	$\Phi25$、$\Phi22$、$\Phi14$、$\Phi10$	纵向间距 0.5m
	钢支撑	I20a 工字钢	间距 1m，共 5 道

　　3. B 出入口明挖段采用单跨矩形断面和 U 形槽断面。矩形断面为 7-7 断面和 8-8 断面，U 形槽断面为 9-9 断面和 10-10 断面。结构断面如图 5-110 所示。

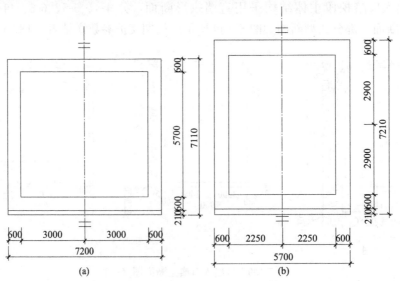

(a)　　　　　　　　　　(b)

图 5-110　B 出入口明挖段结构断面图（一）

(a) 7-7 断面；(b) 8-8 断面

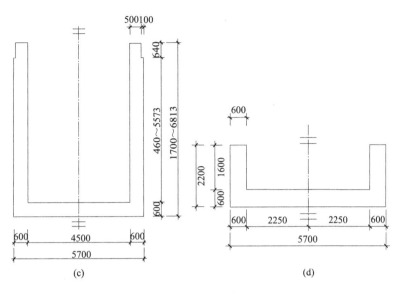

图 5-110 B 出入口明挖段结构断面图（二）

(c) 9-9 断面；(d) 10-10 断面

B 出入口明挖段结构设计参数详见表 5-19。

B 出入口明挖结构设计参数表　　　　　　　　　　　表 5-19

	项目	材料及规格	结构尺寸
围护结构	围护桩	钢筋混凝土结构	Φ800@1400～1600mm，长 6.31 m 或 8.62m 或 11.53m
	围护桩钢筋	Φ18mm、Φ12@150mm、Φ16@200mm	Φ18 竖向布置，共 14 根，Φ12、Φ16 螺旋形布置
	围护桩混凝土	C30 混凝土	—
	挖孔桩护臂	Φ1100mm	与围护桩同等布设
	挖孔桩护臂钢筋	Φ10mm	竖向钢筋@150mm 布设，环向钢筋@200mm 布设
	钢支撑	Φ609mm，t=14mm	间距 3000mm
	腰梁	Q235	I45C
	钢筋网	Φ6@150×150mm	基坑壁布设
	喷射混凝土	C20 喷射混凝土	不小于 50mm 厚
明挖结构		C40、P10 防水钢筋混凝土	C40、P10 防水钢筋混凝土

5.8.2.2　施工方案

1. 施工总体安排

A 出入口总体施工顺序及方向：A 出入口暗挖段由车站破马头门进入，采用仰挖的形式自东南向西北方向施工。导洞封闭成环后及时进行初支背后注浆。A 出入口施工顺序如图 5-111 所示。

B 出入口总体施工顺序及方向：

(1) B 出入口明挖段采用人工配合挖掘机自西向东开挖施工。

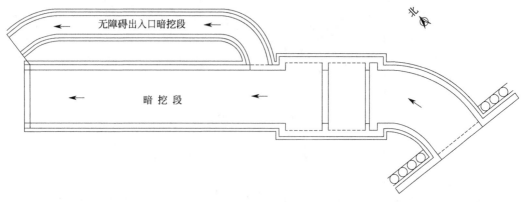

图 5-111　A 出入口施工顺序图

（2）暗挖平直段与明挖段同期施做。暗挖施工禁止仰挖，俯挖段待明挖段二衬结构施工完毕且混凝土强度达到设计强度的 75％后再进行。导洞封闭成环后及时进行初支背后注浆。B 出入口暗挖平直段开挖距暗挖俯挖段 3m 的位置进行临时封端。待暗挖俯挖段施工完毕后再破除临时封端，进行剩余暗挖段的施工。B 出入口施工顺序如图 5-112 所示。

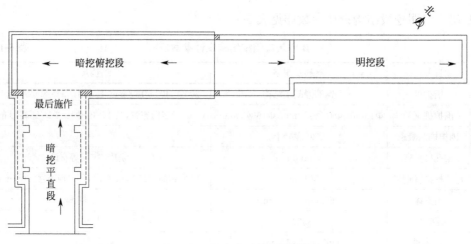

图 5-112　B 出入口施工顺序图

2. 暗挖段施工工序

A 出入口暗挖段及 B 出入口暗挖平直段：马头门处车站围护结构破除→深孔注浆进行地层加固→交叉中隔壁法开挖进入→交叉中隔壁法分导洞进行土方开挖→架立钢格栅→焊接连接筋、绑扎网片→打设锁脚锚管→喷射混凝土→分导洞进行深孔注浆→循环开挖→临时封端→初支背后回填注浆。

无障碍通道采用台阶法进行施工：在 A 出入口暗挖段施工通过无障碍通道马头门 7m 后方可进行无障碍通道马头门破除施工。深孔进行地层加固→马头门格栅及混凝土破除→台阶法开挖进入→超前注浆进行地层加固→土方开挖→架立钢格栅→焊接连接筋、绑扎网片→打设锁脚锚管→喷射混凝土→临时封端→初支背后回填注浆。

B出入口暗挖俯挖段：待明挖段主体结构混凝土强度达到75%时方可进行马头门位置隔离桩破除→深孔注浆进行地层加固→交叉中隔壁法开挖进入→交叉中隔壁法分导洞进行土方开挖→架立钢格栅→焊接连接筋、绑扎网片→打设锁脚锚管→喷射混凝土→封端→暗挖平直段与俯挖段马头门破除→初支背后回填注浆。施工工序详见表5-20、表5-21。

暗挖交叉中隔壁法施工工序 表5-20

工序	工序图	文字描述
第一步	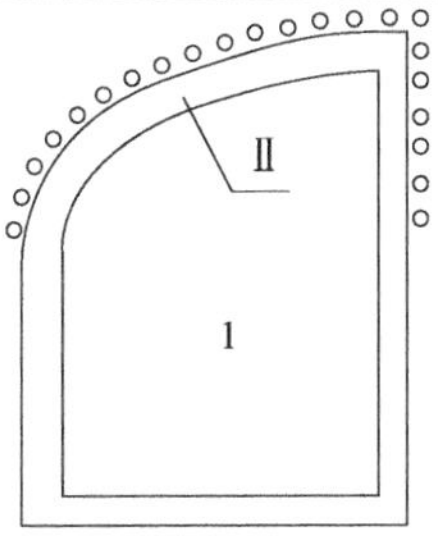	超前小导管注浆加固地层,台阶法施工右侧上导洞,上下台阶纵向间距不得小于5m,施做初期支护
第二步	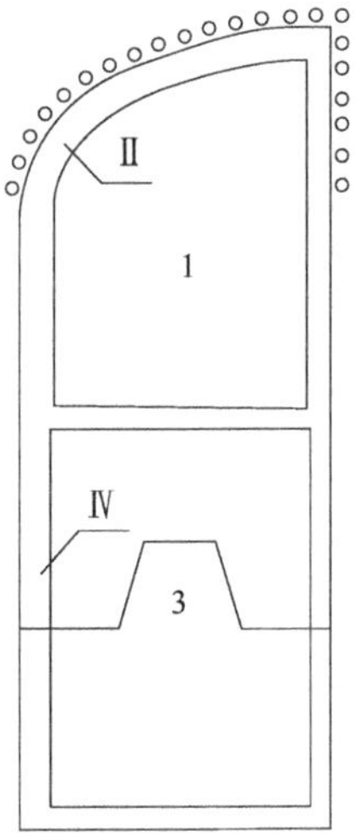	台阶法开挖右侧下导洞并施做初期支护,下台阶留核心土,上下台阶纵向间距不得小于5m。上下洞室纵向间距不得小于6m
第三步	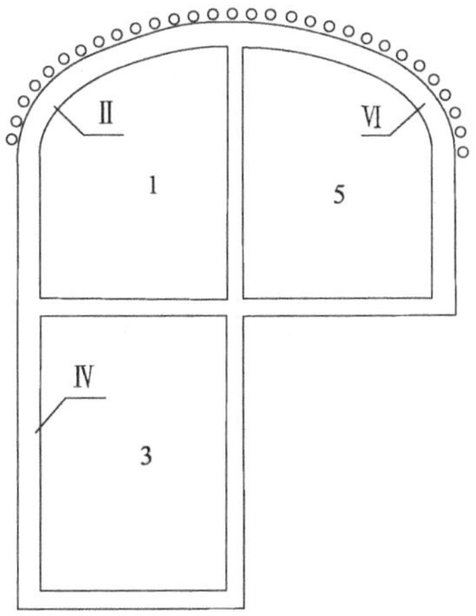	超前小导管加固地层,台阶法施工左侧上洞,上下台阶纵向间距不得小于5m。施做初期支护。左上和右下洞室纵向间距不得小于6m

工序	工序图	文字描述
第四步	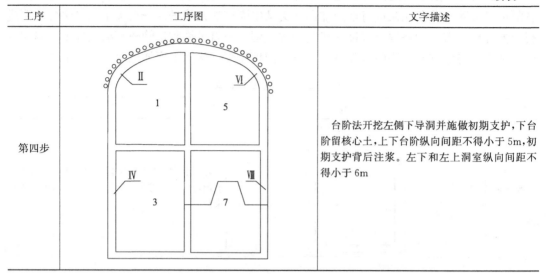	台阶法开挖左侧下导洞并施做初期支护,下台阶留核心土,上下台阶纵向间距不得小于 5m,初期支护背后注浆。左下和左上洞室纵向间距不得小于 6m

暗挖台阶法施工工序   表 5-21

工序	工序图	文字描述
第一步	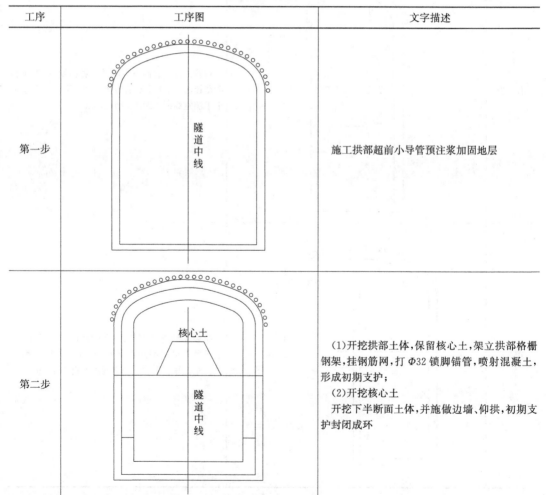	施工拱部超前小导管预注浆加固地层
第二步		(1)开挖拱部土体,保留核心土,架立拱部格栅钢架,挂钢筋网,打 Φ32 锁脚锚管,喷射混凝土,形成初期支护; (2)开挖核心土 开挖下半断面土体,并施做边墙、仰拱,初期支护封闭成环

3. 明挖段施工工序

十字探槽→围护桩施工→浅基坑开挖→凿桩头→冠梁施工→挡土墙施工→架设第一道钢支撑→第一层土方水平分层开挖→分层挂网喷射桩间混凝土支护→架设第二道钢支撑→第二层土方水平分层开挖→分层挂网喷射桩间混凝土支护→人工检底、验槽。待主体结构施工完毕后再进行排水沟施工。施工工序如表5-22所示。

明挖段施工工序 表 5-22

工序	工序图	文字描述
第一步	钻孔灌注桩	施做围护桩
第二步	冠梁	施做冠梁及桩顶挡墙。基坑开挖至冠梁下方 1.5m 处,架设第一道钢支撑
第三步		继续开挖基坑,随开挖随架设钢支撑(基坑开挖至支撑中心线下 1.5m 处时,必须架设钢支撑),基坑开挖直至坑底设计标高处

工序	工序图	文字描述
第四步	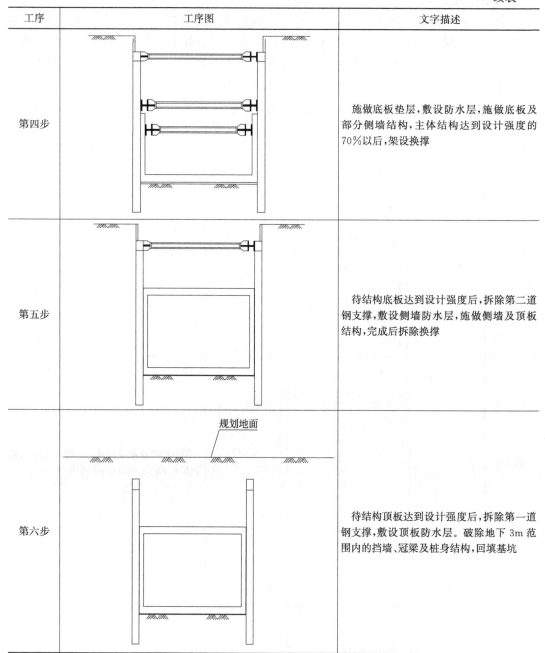	施做底板垫层,敷设防水层,施做底板及部分侧墙结构,主体结构达到设计强度的70%以后,架设换撑
第五步		待结构底板达到设计强度后,拆除第二道钢支撑,敷设侧墙防水层,施做侧墙及顶板结构,完成后拆除换撑
第六步		待结构顶板达到设计强度后,拆除第一道钢支撑,敷设顶板防水层。破除地下3m范围内的挡墙、冠梁及桩身结构,回填基坑

5.8.3 穿越风险源控制措施

5.8.3.1 主要风险源及控制措施

1. 苹果园南路站 A 出入口邻近 14 层建筑物,环境风险等级为一级。为确保施工安全,针对主要风险源采取以下控制措施:

(1) 对 A 出入口通道的拱顶及侧墙(有条件位置)进行深孔注浆,深孔注浆范围如

图 5-113 所示。

（2）及时进行初支和二衬背后注浆，严格控制注
浆压力，必要时进行多次补浆。

（3）施工过程中加强管线、房屋的监测和巡视，
及时反馈信息。根据监测结果及时调整施工参数，确
保房屋安全。

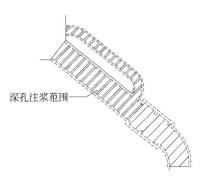

图 5-113　A 出入口深孔注浆范围

2. 苹果园南路站 B 出入口明挖段邻近建筑物苹果
园 3 号楼，环境风险等级为一级。针对主要风险源采取
以下控制措施：

（1）加强明挖基坑围护结构和内支撑体系，严格
控制桩顶和桩体变形。

（2）及时布设测点，明挖基坑施工期间加密房屋的监测频率，根据监测结果及时调整
施工参数，确保建筑物安全。

3. 苹果园南路站 B 出入口暗挖段邻近建筑物苹果园 3 号楼，环境风险等级为一级。
针对主要风险源采取以下控制措施：

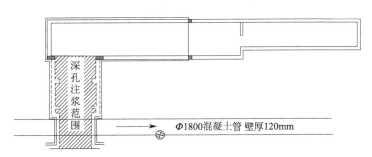

图 5-114　深孔注浆范围

（1）对 B 出入口通道的拱顶及侧墙（有条件位置）进行深孔注浆，注浆范围如图 5-
114 所示。

（2）及时进行初支和二衬背后注浆，严格控制注浆压力，必要时进行多次补浆。

（3）施工过程中加强房屋的监测和巡视，及时反馈信息，根据监测结果及时调整施工
参数，确保房屋安全。

5.8.3.2　施工措施

在施工前应全面检查既有建筑物的结构特征、基础形式、埋深及现状等，对已有的裂
缝和破损情况应做好现场标记并记录在案。

本穿越工程采用深孔注浆从洞内加固结构与建筑物基础间的土体，具体措施如下：

（1）深孔注浆前需要在上台阶核心土范围外的掌子面设置止浆墙，厚度为 300mm，
采用 C20 喷射混凝土，并设双层 $\Phi6@150\times150mm$ 钢筋网。

（2）深孔注浆范围为初支内 0.5m 至初支外 1.5m，注浆压力控制在 0.8～1.0MPa，
扩散半径 0.5m，注浆浆液为水泥—水玻璃浆，深孔注浆施工每循环长度 12m，搭接 2m。

（3）加固后的土体应有良好的均匀性和自立性，掌子面不得有明显的渗水，加固后土体无侧限抗压强度 0.8～1.0MPa。渗透系数＜$1×10^{-7}$cm/s；在注浆效果不好的范围应补打超前小导管。

（4）初期支护施工完毕后应及时对其背后多次进行回填注浆，以减少地面沉降量。注浆压力控制在 0.2～0.5MPa，严防压力太大出现地面隆起现象。

（5）施工过程中加强房屋的监测和巡视，及时反馈信息，根据监测结果及时调整施工参数，确保房屋安全。

（6）在施工过程中严格遵循"管超前、严注浆、短开挖、强支护、快封闭、勤量测"十八字方针。

A、B 出入口深孔注浆示意图如图 5-115、图 5-116 所示。

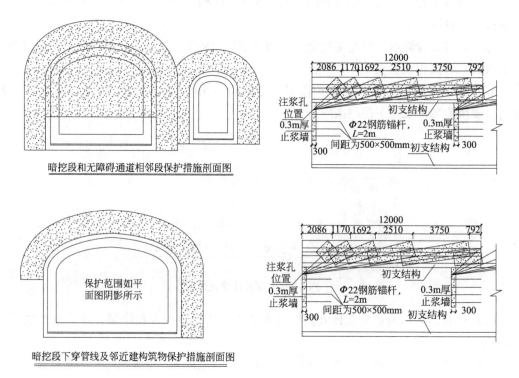

暗挖段和无障碍通道相邻段保护措施剖面图

保护范围如平面图阴影所示

暗挖段下穿管线及邻近建构筑物保护措施剖面图

图 5-115　A 出入口深孔注浆示意图

5.8.4　监测及巡视情况分析

5.8.4.1　监测措施

结合设计要求及本标段工程的实际情况，对受苹果园南路站附属工程施工影响的建（构）筑物包括车站暗挖主体邻近 14 层住宅楼、3 层住宅楼等多栋建（构）筑物及裙房进行监测。监测项目以沉降和倾斜为主。A、B 出入口及无障碍通道沉降监测点平面布置如图 5-117、图 5-118 所示。

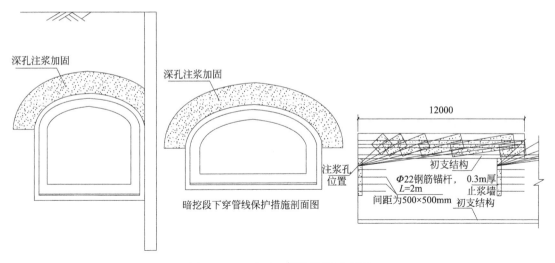

图 5-116 B 出入口深孔注浆示意图

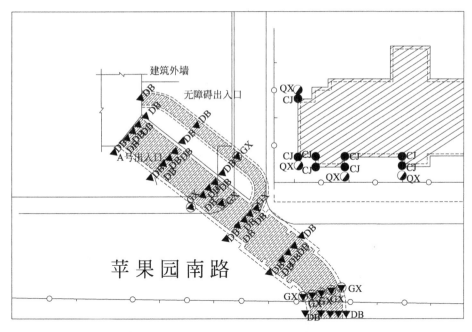

图 5-117 A 出入口监测点平面布置图

对苹果园南路站附属工程施工影响范围内的 14 层住宅楼、3 层住宅楼等多栋建（构）筑物及裙房的监测结果如下：建（构）筑物沉降观测点中最大累计沉降 −5.79mm，B 出入口上方三层建（构）筑物某测点沉降时程曲线如图 5-119 所示。

从图 5-119 可以看出，B 出入口上方此测点受基坑开挖及 B 出入口马头门破除影响较大，沉降曲线呈现波动趋势，最终沉降为 −2.31mm，前段沉降曲线主要是由于车站主体结构暗挖施工对测点扰动形成的。车站附属结构施工对周边建（构）筑物存在一定影响，但施工完毕后周边建（构）筑物处于风险可控状态。

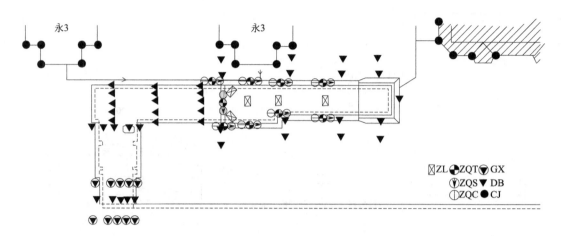

图 5-118　B出入口监测点平面布置图

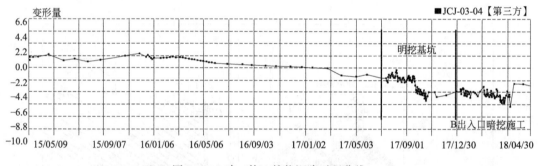

图 5-119　建（构）筑物沉降时程曲线

5.8.4.2　巡视措施

在苹果园南路站附属结构 A、B 出入口及无障碍通道施工过程中，应加强洞内、洞外巡视措施。在施工前重点对地层加固情况进行巡视，在施工过程中重点对邻近建筑物等重要风险源、不同工序衔接部位进行巡视。此外，对于施工质量的控制如格栅节点连接质量、施工规范性、上下台阶错距情况、初支完成后的回填注浆及时性及注浆质量情况、二衬施工过程中拆撑方案合理性等进行巡视。

对苹果园南路站附属工程邻近及下穿的苹果园南路、地表、住宅楼等进行了巡视，经过对比分析施工过程中周边道路、建（构）筑物均未出现明显变化。周边环境巡视情况如图 5-120、图 5-121 所示。

苹果园南路站附属结构施工巡视结果表明附属结构施工过程基本规范，但也存在附属工程明挖段钢支撑架设滞后，暗挖段个别格栅节点板连接不紧密、下台阶开挖进尺过大、深孔注浆不及时、拱部地层超挖等问题。归结原因为现场管理力度不足以及 6 号线西延工程以砂卵石地层为主，局部夹杂粉细砂地层或卵石堆积层滑落造成超挖现象。后通过施工方及时整改，有效规避了风险事件的发生。

(a)   (b)

图 5-120　周边环境巡视情况

（a）周边 3 层建筑物无异常；（b）周边 14 层建筑物无异常

图 5-121　附属结构施工巡视情况

（a）A 出入口 3 洞开挖施工；（b）A 出入口拆撑二衬施工；（c）B 出入口俯挖段 1 洞开挖；

（d）B 出入口暗挖段拆撑施工；（e）B 出入口二衬施工完成；（f）B 出入口地面亭二衬完成

5.8.5　施工效果评价及建议

新建 6 号线西延工程苹果园南路站附属工程 A、B 出入口及无障碍通道，采用深孔注浆从洞内加固结构与房屋基础间的土体，严格遵循"管超前、严注浆、短开挖、强支护、快封闭、勤量测"十八字方针。附属工程施工对周边建（构）筑物影响不大，采取的各类施工方法及现场施工管理办法卓有成效。建议：

（1）地铁车站附属工程施工细化从车站主体向外开洞的预加固和预开挖措施，完善自拱顶弧形部位开挖马头门的受力转换措施。

（2）A 出入口仰挖段上层两个导洞掌子面应深孔注浆预加固，仰挖施工时宜先逐个贯通上层两个导洞，再开挖下层导洞，加强初支背后回填注浆并对超浅埋段采取一定的地面道路保护措施。

5.9　苹果园站附属工程邻近商业建筑俯挖施工风险控制技术

城市地铁车站大多设在繁华地段，周边环境较为复杂，地铁车站附属工程邻近建筑物、桥梁、市政管线的现象层出不穷。地铁车站附属工程（如出入口、换乘通道等）大多采用暗挖施工。车站附属工程暗挖一般采用俯挖和仰挖两种。苹果园站附属工程采用俯挖施工技术，利用明挖段或既有结构提供作业面，由上而下向车站端方向进行俯挖施工。该施工顺序风险较小，可操作性强，社会效益明显，值得进一步推广。

5.9.1　工程概况

5.9.1.1　苹果园站工程概况

苹果园站沿苹果园南路东西向布置，车站全长 324.4m，设 4 个出入口、2 处风道、1个安全出口。主体结构采用暗挖 PBA 工法＋明挖法施工。标准段为双层三连拱结构（共计 197.6m），采用暗挖 PBA 工法施工，覆土约 10m；三层段为三层三跨结构，其中地下二、三层采用暗挖 PBA 工法，覆土约 10m，地下一层采用明挖法施工，覆土约 4m，共计 74m；下穿段为双层三跨箱形框架结构（共计 52.8m），覆土约 11.7m，密贴下穿既有 M1 苹果园站。车站 B 出入口及 2 号疏散通道位于车站东北角。苹果园站平面位置如图 5-122 所示。

5.9.1.2　B 出入口概况

苹果园站附属结构主要包括 B 出入口、安全口、紧急疏散口和 2 号风井风道。B 出入口全长 77.367m，由口部明挖段（长 35.628m）和暗挖段（长 41.739m）组成。明挖段主体结构采用单跨矩形断面和 U 形槽断面，全外包防水，围护结构采用桩撑体系和自然放坡。暗挖段主体结构采用直墙拱形断面，根据断面大小采用交叉中隔壁工法或 CD 法施工。结构由钢格栅＋喷射混凝土的初期支护和模筑钢筋混凝土的二次衬砌构成，两次衬砌之间设柔性防水层。

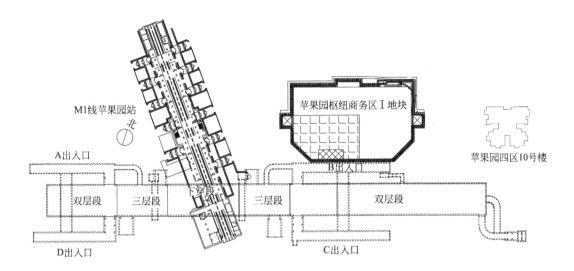

图 5-122　苹果园站平面位置图

2 号疏散通道：全长 27.034m，采用矿山法施工。主体结构采用直墙拱形断面，根据断面大小采用台阶法或 CD 法施工，结构由钢格栅＋喷射混凝土的初期支护和模筑钢筋混凝土的二次衬砌构成，两次衬砌之间设柔性防水层。B 出入口平面布置如图 5-123 所示。

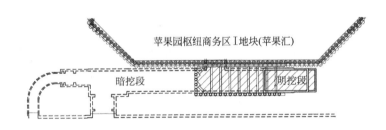

图 5-123　B 出入口平面布置图

5.9.1.3　工程地质及水文概况

B 出入口明挖段位于杂填土、粉质黏土、卵石②$_5$、卵石⑤；暗挖段位于卵石⑤、卵石⑦。地下水位于底板以下约 17m。

B 出入口地质剖面图如图 5-124 所示。

5.9.2　主要设计及施工方案

5.9.2.1　B 出入口设计参数

1. 明挖段设计参数

明挖段围护结构采用灌注桩结合内支撑体系（北侧利用苹果汇地下室围护桩），桩 Φ800@1600mm，桩内设圆形钢筋笼，钢筋笼钢筋均匀布置，桩顶设置 800mm×800mm

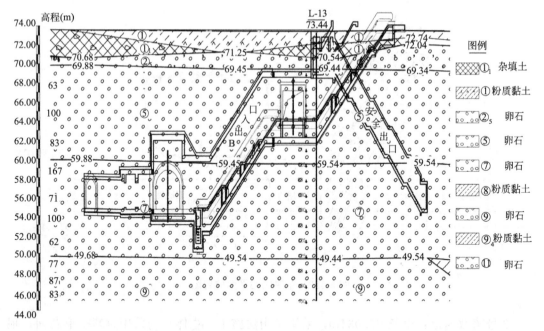

图 5-124　B出入口地质剖面图

钢筋混凝土冠梁；桩间采用挂 $\Phi6@150\times150mm$ 钢筋网及 C20 喷射混凝土找平，喷混厚度约 100mm，钢筋网搭接长度不小于 200mm。内支撑采用 $\Phi609$ 壁厚 14mm 的钢管支撑，共设置 1～2 道，第一道支撑中心间距约 6m，第二道支撑中心间距约 3m，第一道支撑的南侧和第二道支撑处设置钢围檩，钢围檩采用双拼 I45C 型钢。

当出入口敞口段基坑深度小于 3m 时，采用放坡开挖，坡面支护采用 $\Phi6@150\times150mm$ 钢筋网，喷射 100mm 厚 C20 混凝土。明挖段围护结构设计参数详见表 5-23。

围护结构设计参数表　　　　　　　　　　　　　　　　表 5-23

项目		材料及规格	结构尺寸
围护结构	$\Phi800mm$ 围护桩	C30 钢筋混凝土	桩间距 1.6m，桩长 7.55～14.65m
	桩间钢筋网	$\Phi6@150\times150mm$	单层钢筋网，桩间铺设
	桩间喷混凝土	C20 喷混凝土	100mm 厚
	桩顶冠梁	C30 钢筋混凝土	高 0.8m，宽 0.8m
	钢围檩	双拼 I45C 型钢	高 450mm
	护坡喷混凝土	C20 喷混凝土	100mm 厚
	护坡钢筋网	$\Phi6@150\times150mm$	单层钢筋网，沿坡铺设

2. 暗挖段设计参数

暗挖段主体结构采用直墙拱形断面，分 3-3、4-4、5-5 和 6-6 四种断面，其中 3-3 断面为人防断面，开挖尺寸 9.0m×6.42m，初支厚度 300mm；4-4 断面开挖尺寸 9.75m×（8.75～9.87）m，初支厚度 350mm；5-5 断面开挖尺寸 8.6m×9.7m，初支厚度 350mm，初支结构断面渐变；6-6 断面开挖尺寸 8.5m×8.6m，初支厚度 300mm。暗挖段主体结构各断面如图 5-125 所示。

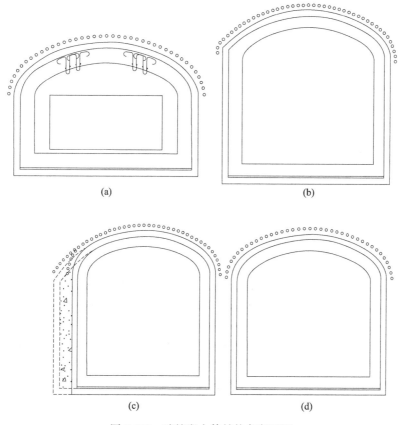

图 5-125　暗挖段主体结构各断面图

（a）3-3 断面图；（b）4-4 断面；（c）5-5 断面；（d）6-6 断面

疏散通道结构采用直墙拱形断面，分为 13-13 断面和 14-14 断面，其中 13-13 断面开挖尺寸 4.3m×4.52m，初支厚度 300mm；14-14 断面为人防断面，开挖尺寸 6.2m×5.37m，初支厚度 300mm。疏散通道各断面如图 5-126 所示。

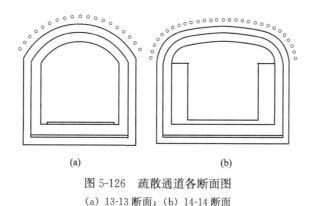

图 5-126　疏散通道各断面图

（a）13-13 断面；（b）14-14 断面

其中 3-3、4-4、5-5、6-6 断面采用交叉中隔壁法施工，11-11、14-14 断面采用 CD 法施工、13-13 断面采用台阶法施工。

5.9.2.2　B 出入口施工方案

1. 施工总体规划

（1）施工 B 出入口明挖段围护结构，土方开挖完成后施工明挖结构主体。

（2）从 B 出入口明挖段向西施工 B 出入口暗挖段，直至与 2 号疏散通道连接处封端墙。同步施工 B 出入口明挖段接苹果汇地下室部分初期支护及二衬结构。

（3）待 B 出入口与主体结构连接部位二衬结构完成且达到强度后，向西开马头门施工疏散通道，直至与主体结构连通。待疏散通道完成 6m 且马头门稳定后，可向南施工剩余暗挖出入口。

（4）最后施工 B 出入口暗挖段的二衬结构、2 号疏散通道的二衬结构，施工各结构内二衬结构。

2. 仰挖段施工方案

B 出入口暗挖通道俯挖段长度为 15.433m，俯挖段俯挖角度 30°，格栅步距为 500mm，每榀下降 288.7mm。

（1）俯挖段施工中严格遵循"管超前，严注浆，短开挖，强支护，快封闭，勤量测"的原则。开挖过程中严禁超挖，严格控制每榀格栅钢架的进尺，对照编号架立格栅钢架。

（2）俯挖段土方运输

俯挖段施工时，因俯挖角度较大，造成人员站立及出土较为困难，在靠近初支侧壁位置设置人员上下踏步，在各洞室靠另一侧设置出土使用的卷扬机。

1）卷扬机设置在暗挖通道的临时仰拱上，卷扬机在平台上固定牢固。在暗挖段初支拱部设置滑轮，滑轮与格栅钢架焊接牢固，卷扬机钢丝绳通过滑轮调整角度，爬坡段位置土方由卷扬机运输至明挖与暗挖交界处，在明挖段垂直提升至地面。卷扬机安装完成后需经报验，报验通过后方可投入施工。

2）暗挖段设置人员上下步梯凹槽，步梯凹槽每 500mm 设置一个。初支格栅喷混凝土时靠初支结构侧墙位置留置，并做好防护栏杆，将人行步梯与卷扬机行走区分开。人行步梯留置宽度不小于 0.6m，方便人员上下。喷混时按现场位置留置凹槽，喷混完成后人工用铁锹修整，保证步梯凹槽平整。

5.9.3　穿越风险源控制措施

5.9.3.1　主要风险源及控制措施

1. 主要风险源

（1）B 出入口明挖段基坑密贴建筑物苹果汇，基坑密贴建筑物地下室围护桩，坑底在建筑物地下室底板上方 7.2m。

（2）B 出入口暗挖段密贴或邻近建筑物苹果汇，苹果汇建筑地上 15 层，地下 4 层，框架结构，筏板基础，建筑用地面积为 9000m²，基坑深度约 19.4m，2 排人工挖孔桩＋5 排锚索进行支护，最大开挖跨度 9.6m，高 9.87m，采用交叉中隔壁工法分 4 部施工。暗挖段密贴建筑物地下室围护桩，主体最深处与建筑物地下室底板齐平。暗挖段平面布置如

图 5-127 所示。

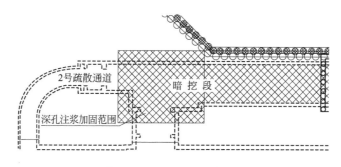

图 5-127　暗挖段平面布置图

2. 控制措施

针对上述暗挖段风险源采用深孔注浆加固北侧密贴或邻近苹果汇建筑物,具体施工参数:

（1）对 B 出入口通道 6-6、5-5 和 4-4 断面的拱顶及侧墙进行深孔注浆,其中密贴段长 22.4m,对拱顶及南侧墙深孔注浆,邻近段长 13.1m,对拱顶及侧墙进行深孔注浆加固,具体如图 5-128 所示。

深孔注浆每段长度 12m,搭接 2m,如图 5-129 所示。具体要求如下:

1）深孔注浆前需要在上台阶核心土范围外的掌子面设置止浆墙,厚度为 300mm,采用 C20 喷射混凝土,并设双层 $\Phi6@150\times150$mm 钢筋网,对于第一道止浆墙需另采用型钢支撑保证稳定。

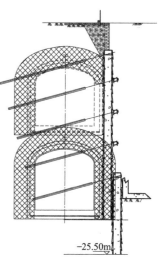

图 5-128　注浆加固示意图

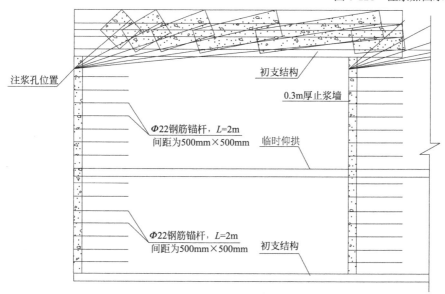

图 5-129　深孔注浆示意图

2）效果检测要求如下：采用加固观察法，注浆量达到后，土体空隙填充饱满，无明显水囊，无明显空腔，竖直表面能够自稳。

3）注浆压力可控制在0.8～1.0MPa，具体根据现场地层及试验确定。

4）浆液采用水泥—水玻璃双液浆，扩散半径0.5m，注浆孔在初支内侧的环向中心间距由施工单位确定。

（2）及时进行初支和二衬背后注浆，严格控制注浆压力，必要时进行多次补浆。

（3）施工过程中加强房屋的监测和巡视，及时反馈信息，根据监测结果及时调整施工参数，确保房屋安全。

5.9.4 监测及巡视情况分析

5.9.4.1 监测措施

结合设计要求及施工实际情况，对苹果园附属工程B出入口邻近的建筑物苹果汇进行监测。监测项目以沉降和倾斜为主。B出入口监测点平面布置如图5-130所示。

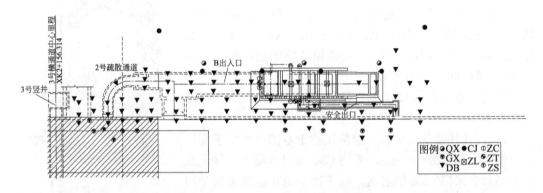

图5-130 B出入口监测点平面布置图

建筑物沉降观测点中最大累计沉降－6.83mm，B出入口上方建筑物某测点沉降时程曲线如图5-131所示。

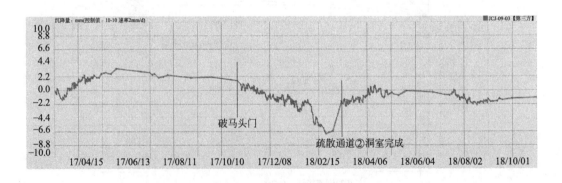

图5-131 建筑物监测点沉降时程曲线

由上图可知，建筑物监测点沉降值分布集中在－7～1mm之间，未超出控制值。B出入口暗挖施工对周边建筑物有一定影响。

5.9.4.2 巡视措施

苹果园站附属结构主要包括 B 出入口、安全口、紧急疏散口和 2 号风井风道。其中 2 号风井风道和 5 号横通道合建。B 出入口明挖段采用桩撑支护体系，其余明挖段采用倒挂井壁法施工，暗挖段采用"交叉中隔壁、CD 法"施工。附属结构施工过程基本规范，但也存在附属工程明挖段钢支撑架设滞后，暗挖段个别格栅节点板连接不紧密、下台阶开挖进尺过大、深孔注浆不及时、拱部地层超挖等问题，整体施工过程如图 5-132 所示。

图 5-132　施工现场图片（一）

（a）B 出入口明挖竖井开挖施工；（b）B 出入口暗挖段 1 洞室开挖施工；（c）B 出入口 2 洞室开挖施工；
（d）B 出入口拆撑二衬施工；（e）B 出入口拆撑二衬施工；（f）B 出入口二衬施工完成

(g)　　　　　　　　　　　　　　(h)
(i)　　　　　　　　　　　　　　(j)

图 5-132　施工现场图片（二）

（g）B 出入口明挖段开挖施工；（h）B 出入口明挖段二衬施工；
（i）B 出入口明挖段二衬施工；（j）B 出入口明挖段二衬完成

5.9.5　施工效果评价及建议

附属工程在施工过程中较为规范，从建筑物监测数据可以看出各测点沉降较为均匀，各测点间差异沉降小，安全风险可控。但局部存在超前支护滞后、开挖进尺过大、核心土留设过小、格栅节点连接不规范、局部超挖、钢支撑架设滞后、坑边堆载等问题，预警后能及时整改。针对现场施工情况提出以下建议：

（1）在施工过程中合理安排工序、加强施工管理，避免出现不加固地层即开挖和地层超挖等问题。

（2）深孔注浆施工时控制好注浆压力，避免因注浆引起的地面隆起过大。

（3）各类风险源的监测控制标准应根据风险源调查评估情况具体确定，使监测预警更加科学合理。

俯挖施工技术在北京地铁 6 号线西延苹果园站 B 出入口工程中的成功应用，证明了俯挖技术具有施工风险小、可操作性强、成本低等优点。实践证明，在地铁车站出入口施工过程中应用俯挖施工工艺是值得推广的。

5.10　苹果园站三层段明挖接站施工风险控制技术

明挖法是一种安全、简单、经济的施工方法，在地下工程领域应用较为广泛。地铁车站建设中，在条件允许的情况下优先使用明挖法施工。从风险控制角度分析，采用明挖法施工可以提高工程建设的安全性，可以较为直观地观测和处理意外情况。明挖法施工相较于其他工法具有安全性高、工程造价低、工期短、地层适应性强等优点。

明挖法可分为无支护结构（敞口明挖）和具有围护结构两类。北京地铁6号线西延工程明挖站厅周围建筑物密集、施工场地狭小、土质自立性差、地层松软，故采用有围护结构施工方法。

5.10.1 工程概况

北京地铁6号线西延工程苹果园站为换乘站，分别与M1线苹果园站和S1线苹果园站换乘。主体结构采用暗挖PBA工法＋明挖法施工。标准段为双层三连拱结构（共计197.2m），采用暗挖PBA工法施工，覆土约10m。三层段为三层三跨结构，其中地下二、三层采用暗挖PBA工法，覆土约10m，地下一层采用明挖法施工，覆土约4m，共计74.8m。下穿段为双层三跨箱形框架结构（共计52.4m），覆土约11.7m，密贴下穿既有M1线苹果园站。

明挖换乘厅位于在建苹果园站三层段暗挖结构上方，分为东西两个独立的基坑。两个基坑位于既有1号线苹果园站东西两侧，西侧基坑范围为10-16轴，东侧基坑范围为26-32轴。两个基坑平面尺寸相同，长33.8m，宽26.9m，基坑深约12m。基坑围护结构采用围护桩＋内支撑体系。围护桩采用人工挖孔桩，竖向设三道支撑，第一道角部为混凝土支撑、中部为钢支撑，第二、三道为钢支撑。苹果园站明挖换乘厅平面位置如图5-133所示。

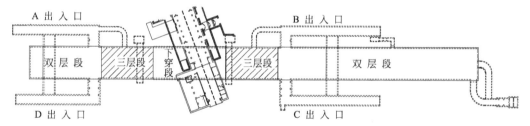

图 5-133 苹果园站明挖换乘厅平面位置

苹果园站沿线勘探范围内土层为人工堆积层、新近沉积层、第四纪晚更新世冲洪积层和三叠纪基岩四大层。地层描述详见表5-24、图5-134。

车站范围内存在一层地下水，主要为潜水（二），水位埋深39.76m，水位标高为31.58m。地下水位在车站底板以下10.4m左右。

5.10.2 主要设计及施工方案

5.10.2.1 明挖换乘厅设计参数

明挖换乘厅主体结构为矩形平顶结构，分3跨施工，结构断面宽23.1m，高7.68m，顶板厚700mm，侧墙厚800mm；其中顶纵梁截面尺寸为1400mm×1700mm；中间立柱采用截面800mm×800mm钢筋混凝土立柱，间距6.5m设置一道，采用C40、P10混凝土浇筑施工。同时在内部设置一层夹层板，结构断面宽度21.5m，高度2.48m，夹层板板厚200mm，板底共设置7排立柱，采用截面400mm×400mm钢筋混凝土立柱，板与立柱通过下方300mm×500mm梁连接，C35混凝土浇筑施工。后通过设计方案变更，将夹层板立柱取消，改为浇筑一层C20混凝土替代。浇筑前，先行在基坑东、西两侧浇筑2.4m×1.6m的纵梁，增强吊脚桩的稳定性。

地层情况

表 5-24

沉积年代	地层代号	岩性名称	颜色	状态	密实度	湿度	压缩性	含有物	分布情况
人工填土层(Q^{ml})	①	粉土填土	黄褐色—褐黄色	—	松散—中密	湿	—	含少量砖渣等	—
	①$_1$	杂填土	杂色	—	稍密—中密	稍湿—湿	—	以路基为主;含大量碎石等	—
新近沉积层 $Q_4^{2+3al+pl}$	②	粉土	褐黄色	—	中密	稍湿	中—高	含云母、氧化铁,局部夹粉质黏土	薄层分布
	②$_5$	卵石	杂色	—	稍密—中密	湿	低	中粗砂充填	连续分布
	⑤	卵石	杂色	—	中密—密实	湿	低	中粗砂充填	连续分布
	⑦	卵石	杂色	—	密实	湿	低	中粗砂充填	连续分布
	⑧	粉质黏土	棕黄色	可塑	—	—	中低	含氧化铁,局部夹砾石	—
第四纪晚更新世冲洪积层 Q_3^{al+pl}	⑨	卵石	杂色	—	密实	湿—饱和	低	中粗砂充填	连续分布
	⑨$_4$	粉质黏土	棕黄色	可塑	—	湿	中低	含氧化铁,局部夹砾石	薄层分布
	⑪	卵石	杂色	—	密实	饱和	低	中粗砂充填	连续分布
	⑪$_1$	中粗砂	褐黄色	—	密实	湿	低	含云母、氧化铁	连续分布
	⑪$_4$	粉质黏土	棕黄色	硬塑	—	—	低	含氧化铁,局部夹砾石	—
三叠纪基岩	⑭$_3$	全风化泥岩	褐黄色	—	密实	湿	低	夹强风化碎块	—

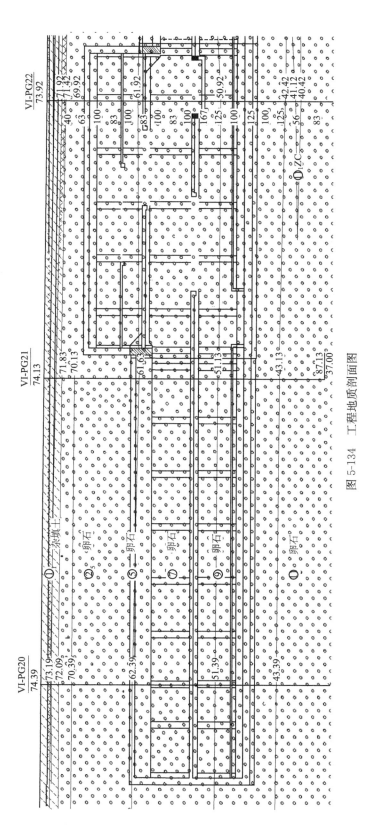

图 5-134 工程地质剖面图

明挖换乘厅围护结构采用 Φ1000 人工挖孔桩＋3 道内支撑支护形式。其中：

第一道角部支撑为混凝土支撑，截面尺寸为 600mm×1000mm，中部为 Φ800 壁厚 16mm 钢管支撑，第二、三道为 Φ800 壁厚 16mm 钢管支撑。基坑采用钢围檩，由 2I45b 组合型钢组成。

围护结构采用 Φ1000 人工挖孔桩，桩间距为 1600mm，桩内设圆形钢筋笼，钢筋笼钢筋均匀布置，桩间采用 100mm 厚挂网喷射混凝土。

在建苹果园站 2 号竖井宽度范围内围护结构采用混凝土挡墙及混凝土板撑组合结构，其中混凝土挡墙厚 800mm，高 15.2m，宽 6.7m；混凝土板撑设置 3 道，每道对应钢支撑位置，每道板撑厚 800mm，长 5.25m，宽 6.7m。

苹果园站位于苹果园南路与阜石路交汇口东侧、苹果园南路下方，沿苹果园南路北侧东西向设置，站位与既有地铁 1 号线苹果园站夹角约为 70°，并横穿拟建的苹果园枢纽南、北地块之间。

该车站主体长 197.6m（52.3＋145.3），断面宽 23.3m，高 17.135m，覆土约 9.79～11.687m，底板埋深约 27.5m。采用双层三连拱结构，PBA 工法施工。拱顶位于卵石 5 层，底板位于卵石 9 层，地下水主要为潜水（二），水位标高位于底板以下约 10.4m。

围护桩顶设置 1000mm×1000mm 冠梁。冠梁顶至地面设置 240mm 厚砖砌挡土墙，挡土墙内及拐角处设构造柱（240mm×240mm），间距不小于 3m。墙顶应设压顶梁，截面尺寸为 240mm×200mm。具体设计参数见表 5-25。结构剖面如图 5-135、图 5-136所示。

围护结构设计参数　　　　　　　　　　　　　　　　表 5-25

项目		材料及规格	结构尺寸
围护结构	Φ1000mm 围护桩	C30 钢筋混凝土	桩间距 1.6m，桩长 9.7～15.2m
		主筋 Φ25mm，螺旋筋 Φ12mm，圆形封闭加强箍筋 Φ20@2000mm	
	混凝土挡墙	C30 钢筋混凝土	混凝土挡墙厚 800mm，高 15.2m，宽 6.7m
		竖向主筋 Φ22@150mm，双层布置；横向主筋 Φ20@150mm，双层布置	
	混凝土板撑	C30 钢筋混凝土	板撑厚 800mm，长 5.25m，宽 6.7m
		纵向主筋 Φ22@150mm，双层布置；横向主筋 Φ20@150mm，双层布置；拉钩采用 Φ210@300×300mm	
	桩间钢筋网	Φ6.5@150×150mm	单层钢筋网，桩间铺设
	桩间喷混凝土	C20 喷混凝土	100mm 厚
	桩顶冠梁	C30 混凝土	高 1.0m，宽 1.0m
		上、下铁钢筋均采用 Φ25 钢筋，共 12 根；两侧腰筋采用 Φ25 钢筋，共 8 根；竖向箍筋采用 Φ12@100mm，横向箍筋采用 Φ12@100mm	
	钢围檩	双拼 I45b 型钢	高 450mm
	挡土墙	砖砌	240mm 厚

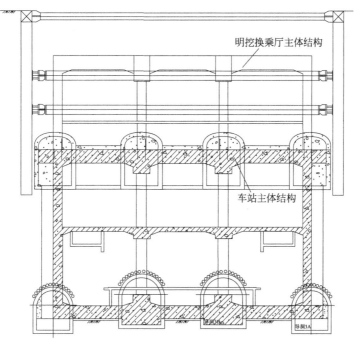

图 5-135 苹果园站明挖换乘厅结构横剖面图

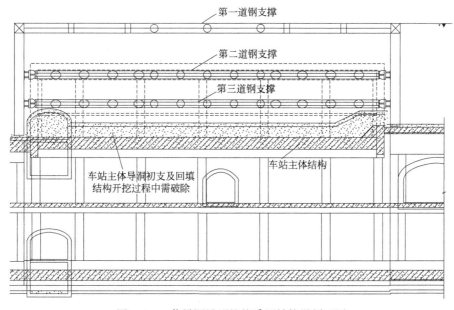

图 5-136 苹果园站明挖换乘厅结构纵剖面图

5.10.2.2 明挖换乘厅施工方案

苹果园站明挖换乘厅围护结构施工工序如下：

第一步：待下部主体结构达到强度后，进行管线临时改移，架设施工围挡，然后施做人工挖孔桩，开挖基坑，并施做桩顶冠梁和第一道混凝土支撑。

第二步：待第一道混凝土支撑达到设计强度后，开挖基坑，架设第一道钢支撑。

第三步：继续开挖基坑至第三道钢支撑下 0.5m 处，施做混凝土腰梁，待混凝土腰梁达到强度后架设第三道钢支撑。

第四步：保留 10、16、26、32 轴断面第三道支撑下部两端原状土，反压基底，反压土延端部基坑纵向长度 8m，至少保留 2m 厚，在两端设置，反压土延基坑垂直方向 6m。开挖第三道支撑反压土 10、16、26、32 轴中部预留部分的土体，凿除施工范围内影响结构的原初支及二衬结构，禁止超挖，并施做此处防水层及侧墙结构，做好侧墙与桩间回填。

第五步：待侧墙达到强度后，开挖余下的反压土，凿除原主体结构初支及素混凝土回填，施做防水，并施做剩余侧墙结构。待第三道支撑下部主体侧墙结构达到强度后，拆除第二、三道钢支撑，施做防水层及剩余明挖换乘厅主体结构。对结构与围护结构间的肥槽采用同步回填。

第六步：待顶板达到设计强度后，敷设顶板防水层，拆除第一道钢支撑，破除地下 3m 范围内的挡墙、冠梁及桩身结构，回填基坑。

5.10.3 明挖换乘厅风险源控制措施

5.10.3.1 主要风险源

西侧换乘厅明挖基坑邻近既有 1 号线苹果园站附属通道结构，底标高基本与基坑底相同。换乘厅基坑坐落于自身暗挖车站上方，开挖引起的相邻土体变形较小，为一级风险源。

东侧换乘厅明挖基坑邻近 1 号线苹果园站南端主体，基坑西北角角部距 1 号线苹果园站南端约 3.5m，1 号线苹果园站底标高与基坑底基本相同。换乘厅基坑坐落于自身暗挖车站上方，开挖平面范围基本在自身车站投影内，为一级风险源。风险源平面位置关系如图 5-137 所示。

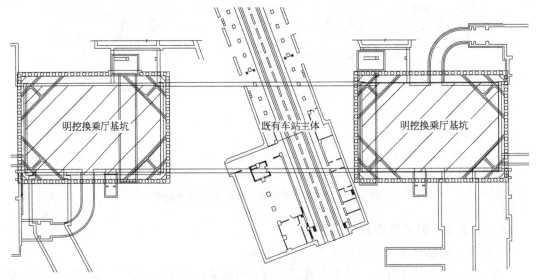

图 5-137 明挖换乘厅基坑与风险源平面位置关系图

5.10.3.2 风险源控制措施

针对上述风险源采用如下方式进行保护：

（1）加强明挖基坑围护结构和内支撑体系，严格控制桩顶和桩体变形。

（2）及时布设测点，明挖基坑施工期间提高围护结构和周边环境的监测频率，根据监测结果及时调整施工参数，确保建筑物安全。

（3）明挖换乘厅邻近既有1号线苹果园站主体位置处采用深孔注浆进行加固，注浆加固区域为两个明挖换乘厅东西两侧3m宽度范围内，加固长度28.9m，同时对2号横通道及3号横通道端墙部位进行加固，加固长度10.2m，宽度3m。所有加固区域均自距离地面3.7m高度位置处进行加固，直到基坑底部，加固高度7.15m。明挖换乘厅深孔注浆加固区域平面图如图5-138所示，剖面图如图5-139所示。

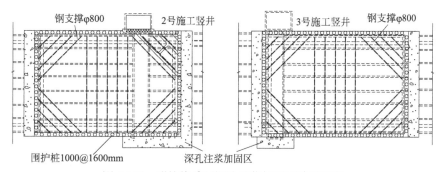

图5-138 明挖换乘厅深孔注浆加固区域平面图

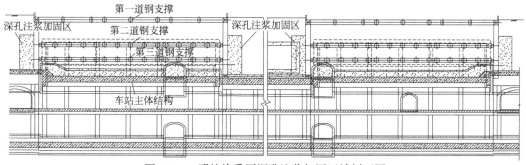

图5-139 明挖换乘厅深孔注浆加固区域剖面图

为了保证施工过程中吊脚桩的稳定性，对明挖换乘厅东、西两侧吊脚桩进行了注浆加固，并将第一道斜撑改为混凝土撑，开挖至基底时，在基坑四角设置反压土。施工现场如图5-140所示。

5.10.4 监测及巡视情况分析

5.10.4.1 监测措施

本工程施工过程主要涉及风险点为明挖基坑东西两侧的围护桩，围护桩采用吊脚桩。

图5-140 明挖换乘厅东、西两侧吊脚桩深孔注浆

明挖换乘厅在暗挖结构上方开挖，重点对吊脚桩的变形和新建 6 号线西延暗挖结构的变形进行监测。

1. 监测内容

根据"北京地铁 6 号线西延工程施工图设计—北京地铁 6 号线西延工程 06 标苹果园站非下穿段明挖基坑结构施工图"文件和第三方监测方案设计，确定苹果园站明挖基坑结构的监测项目为：

(1) 道路及地表沉降；

(2) 桩顶水平位移；

(3) 桩体变形；

(4) 支撑轴力；

(5) 既有结构上浮。

6 号线西延工程明挖换乘厅共布设地表监测点 32 个，桩顶水平位移监测点 8 个，桩体测斜监测孔 8 个，支撑轴力监测点 24 个，既有线监测点 28 个（东西侧基坑监测点对称布置）。明挖换乘厅基坑监测点布设如图 5-141 所示。

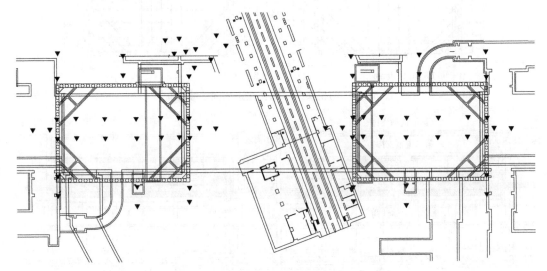

图 5-141 明挖换乘厅基坑监测点平面布置图

2. 监测结果

根据第三方监测数据，明挖换乘厅施工过程中地表 32 个测点平均沉降−1.11mm，最大沉降−6.05mm，变形速率均较小。既有线 28 个监测点中，平均竖向位移 0.10mm，最大隆起 0.72mm，最大沉降−0.75mm。桩体测斜 8 个测孔中，平均变形 2.04mm，最大变形 4.71mm。桩顶水平位移 8 个测点中，平均位移 0.50mm，最大位移 4.39mm，整体变形较为稳定。地表测点监测结果如图 5-142 所示。

5.10.4.2　巡视措施

苹果园站三层段明挖接站工程应重点对明挖基坑周边超载、钢支撑架设不及时、土方开挖顺序、是否存在超挖等风险进行巡视，以及对基坑东西两侧吊脚桩异常情况及深孔注浆进行巡视。施工情况如图 5-143 所示。

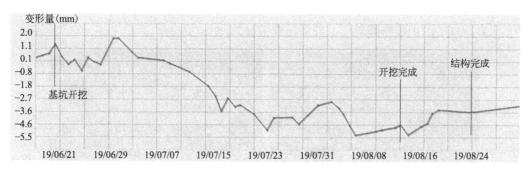

图 5-142 地表测点沉降时程曲线

图 5-143 现场施工情况

(a) 苹果园站明挖换乘厅基坑开始开挖照片 1；(b) 苹果园站明挖换乘厅基坑开始开挖照片 2；
(c) 苹果园站明挖换乘厅基坑开挖完成；(d) 苹果园站明挖换乘厅基坑底板完成；
(e) 苹果园站明挖换乘厅基坑结构施工；(f) 苹果园站明挖换乘厅基坑结构完成

在对 6 号线西延工程苹果园站明挖换乘厅施工巡视过程中，共发生巡视预警一次，其主要原因为：现场风险管控不到位，换乘厅东西两侧围护桩嵌固深度不足，土方开挖后侧向土压力造成了围护桩踢脚破坏。现场巡视情况如图 5-144 所示。

图 5-144　现场巡视情况
（a）明挖换乘厅土方开挖；（b）明挖换乘厅围护结构根部开挖；
（c）明挖换乘厅吊脚桩部位架设支撑；（d）明挖换乘厅加密吊脚桩部位监测

5.10.5　施工效果评价及建议

　　北京地铁 6 号线西延工程明挖换乘厅基坑坐落于新建 6 号线西延工程暗挖段上方，为暗挖车站上方接一层明挖车站，此类地铁车站施工案例较少。因基坑东、西向布置，导致新建基坑东西侧围护桩无嵌固深度。因卵石地层的摩擦角较大，地层侧压力系数较小，施工过程中第一道斜撑采用混凝土撑施工，第二、三道支撑采用钢支撑，且及时架设了支撑，保证了基坑的稳定。

　　换乘厅东、西两侧围护桩嵌固深度不足，土方开挖后侧向土压力易造成围护桩踢脚破坏。现场通过架设斜撑来增强自身结构的稳定性。

　　采用吊脚桩施工时，当土层侧压力较大时，容易发生踢脚风险，对于工程而言将产生灾难性的后果。对于后续工程施工过程，不建议继续采用吊脚桩形式进行施工。

5.11　起—金区间含水砂卵石地层施工风险控制技术

5.11.1　工程概况

　　起点—金安桥站区间，线路里程范围为 XK0＋139.000～XK0＋603.000，合计

464m，左右线皆为直线，纵向上，均是西低东高的单坡。区间满足停车及折返功能，设置有交叉渡线，在里程 XK0＋170.000 处设置人防段，里程 XK0＋210.948 处结合 1 号施工竖井横通道设置联络通道，于终点端设置两条迂回风道，并结合远端迂回风道设置废水泵房一处。本区间处于首钢厂区内，地面为弃置房屋及铁轨，均已完成拆迁。

本区间地下存在潜水及承压水，已进行降水设计和作业，降水到结构底板以下 1m。本区间涉及工法较多，包含明挖法、矿山法，具体配置较为复杂。

5.11.1.1　工程地质概况

勘察得到地层最大深度为 70m。根据钻探资料及室内土工试验结果，按地层沉积年代、成因类型，将本工程场地勘探范围内的土层划分为人工堆积层、新近沉积层、第四纪晚更新世冲洪积层、三叠系双全组基岩四大层：

1. 人工堆积层

杂填土①$_1$层：杂色，稍湿-湿，稍密-中密，以路基土为主，含大量碎石等。

碎石填土①$_2$层：杂色，湿，稍密，以卵石为主，含少量中砂、砖渣等。

该层层底标高 75.14～87.30m。

2. 新近沉积层

粉质黏土②$_1$层：褐黄色，稍湿，中密，$E_s＝6.8～8.7MPa$，属中压缩性土，含云母，氧化铁，局部夹粉质黏土。透镜体分布。

该层层底标高 76.50～82.00m。

3. 第四纪晚更新世冲洪积层

粉质黏土③层：褐黄色，可塑，$E_s＝4.2～8.5MPa$，中压缩性，含氧化铁。

粉质黏土③$_1$层：褐黄色，湿，密实，$E_s＝4.9～7.6MPa$，中压缩性，含氧化铁、云母。该层呈透镜体分布。

含粉质黏土碎石③$_2$层：杂色，饱和，密实，重型动力触探击数 N63.5＝27～43 击，平均击数 34，属低压缩性土。最大粒径不大于 420mm，一般粒径 30～50mm，亚圆形。粒径大于 20mm 颗粒约占总质量的 65%，粉质黏土含量约 35%。

该层层底标高 75.55～77.03m。

卵石⑤层：杂色，密实，湿，重型动力触探击数 N63.5＝32～100 击，平均击数 64，属低压缩性土。一般粒径 50～100mm，最大粒径不大于 200mm。粒径大于 20mm 的含量大于 60%，亚圆形，中粗砂充填。

粉质黏土⑤$_2$层：褐黄色，湿，中密—密实，$E_s＝6.8～10.2MPa$，中压缩性，含氧化铁、云母。

粉质黏土⑤$_3$层：褐黄色，可塑，$E_s＝4.8～11.9MPa$，中压缩性，含氧化铁。

含粉质黏土卵石⑤$_4$层：杂色，饱和，密实，重型动力触探击数 N63.5＝23～71 击，平均击数 41，属低压缩性土。最大粒径不大于 200mm，一般粒径 50～100mm，亚圆形。粒径大于 20mm 颗粒约占总质量的 65%，粉质黏土含量约 35%。

该层层底标高 65.85～68.78m。

卵石⑤层：杂色，湿，密实，重型动力触探击数 N63.5＝63～200 击，属低压缩性土。最大粒径不大于 220mm，一般粒径 50～110mm，亚圆形。粒径大于 20mm 颗粒约占总质量的 60%，中粗砂填充。

含卵石粉质黏土⑦$_3$层：褐黄色，可塑，E_s＝9.8～18.8MPa，含氧化铁，局部夹卵石。

含粉质黏土卵石⑦$_4$层：杂色，饱和，密实，属低压缩性土。最大粒径不大于 420mm，一般粒径 30～50mm，亚圆形。粒径大于 20mm 颗粒约占总质量的 65%，粉质黏土含量约 35%。

该层层底标高 53.90～59.75m。

卵石⑨层：杂色，湿，密实，重型动力触探击数 N63.5＝83～250 击，平均击数 161，属低压缩性土。最大粒径不大于 420mm，一般粒径 40～60mm，亚圆形。粒径大于 20mm 颗粒约占总质量的 60%。

含卵石粉质黏土⑨$_4$层：褐黄色，可塑—硬塑，E_s＝12.5～21.1MPa，含氧化铁，局部夹卵石。

该层层底标高 40.95～57.86m。

含卵石粉质黏土⑪$_4$层：褐黄色，硬塑，E_s＝22.3～25.6MPa，低压缩性，含氧化铁，局部夹卵石。

该层层底标高 23.75～32.64m。

4. 三叠系双全组基岩

全风化凝灰质砂岩⑭层：灰绿色—紫色，湿，低压缩性，岩芯呈土状，手掰即碎。

强风化凝灰质砂岩⑭$_1$层：灰绿色—紫色，稍湿，低压缩性，岩芯呈碎块状，细粒结构，块状构造，锤击易碎。

中风化凝灰质砂岩⑭$_2$层：灰绿色，稍湿，低压缩性，岩芯呈中柱状，一般柱长约 10～30cm，细粒结构，块状构造，锤击不易碎。

该层未钻穿。

起—金区间工程地质剖面如图 5-145、图 5-146 所示。

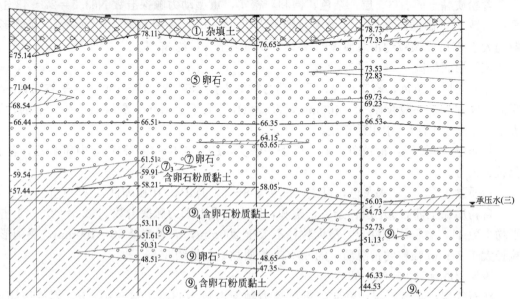

图 5-145　起—金区间明挖法部分地质剖面图

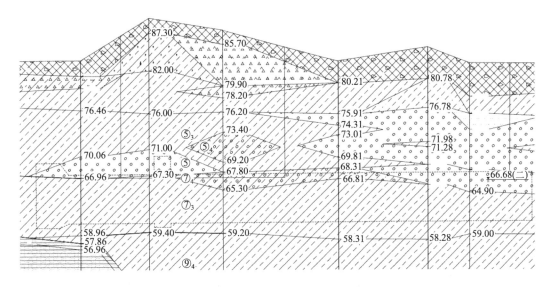

图 5-146　起—金区间矿山法部分地质剖面图

5.11.1.2　水文概况

1959 年水位标高为 68.0m；1971—1973 年水位标高为 63.0m；近 3～5 年水位标高为 60.0m。区间抗浮设防水位标高按 70.0m 考虑。后期补勘发现一层地下水，地下水类型为潜水（二）。水位埋深 14.80～16.32m，水位标高 66.68～69.43m，观测时间为 2016 年 8 月。含水层主要为卵石⑤层、中粗砂⑤$_1$ 层、含粉质黏土卵石⑤$_4$ 层、卵石⑦层。潜水（二）主要受大气降水、上层滞水的垂直渗透补给，并受侧向径流补给。受下部隔水层含卵石粉质黏土⑦$_3$ 层、含卵石粉质黏土⑨$_4$ 层起伏影响，潜水（二）起伏较大。潜水（二）年变幅为 3～5m。

补勘在 Ⅵ-QJ08 号钻孔内共发现一层地下水，地下水类型为承压水（三），水头埋深 24.27m，水头标高 56.26m，观测时间为 2015 年 9 月，含水层主要为卵石⑨层。

补勘未发现上层滞水，受季节的影响、管线渗漏等，局部可能会存在上层滞水。同时，本场地内各层黏性土上方可能存在层间滞水。

根据勘察及后期补充勘察掌握的资料，起—金区间地下水位变化较大。经与勘察单位沟通，地下水对起—金区间明挖段影响较小，目前暂不考虑明挖段地下水的处理。但在实施中应密切注意水位变化，若有异常，及时通知各方，并做好地下水的处理工作，确保施工安全。

地下水腐蚀性：

潜水（二）对混凝土结构具弱腐蚀性；对钢筋混凝土结构中的钢筋在长期浸水条件下具微腐蚀性，干湿交替条件下具弱腐蚀性。

承压水（三）对混凝土结构具微腐蚀性；对钢筋混凝土结构中的钢筋在长期浸水条件

下具微腐蚀性，干湿交替条件下具微腐蚀性。

5.11.2 降水施工方案

5.11.2.1 措施一

起—金区间采取降水作业施工。

通过对勘察资料、现场施工场地条件、地下管线情况、现场构筑物影响等多方面因素的分析，采用管井封闭降水方案。

（1）竖井：竖井均采用封闭式管井降水方案。

（2）区间正线：采用双线三排管井降水方案。区间西端头降水井位于凉水池东路，需要与相关单位协调临时占地问题。若协调无果，则采用洞内轻型井点降水措施。

区间竖井东侧 45-60 号降水井位于首钢院内待征场地，如后期场地无法征用，则同样采用洞内轻型井点降水措施。

（3）为了及时了解地下水情况及降水实施效果，需要对地下水进行观测。根据观测的地下水位情况，及时调整泵型、泵量，以确保良好的降水效果。水位观测孔在基坑开挖到底以后废弃，需要进行封堵处理。

（4）降水井施工顺序为：施工竖井降水井→区间正线降水井。为保证降水效果，建议在详勘阶段进行群井抽水试验及水位恢复试验，以调整设计参数。

降水井布置详见图 5-147、图 5-148。

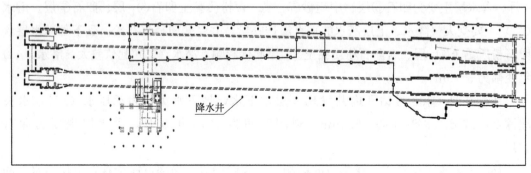

图 5-147　起—金区间降水井布置平面图

降水井设计参数见表 5-26。

降水井设计参数表　　　　　　　　　　　　　　　　　　　　　　　　表 5-26

位置	井类型	井径 (mm)	管径(mm)	井管类型	井深 (m)	井间距 (m)	滤料 (mm)	井数 (眼)
竖井	管井	273	194	钢管井	43	6	—37	36
区间隧道	管井	273	194	钢管井	43	8～12	—37	86

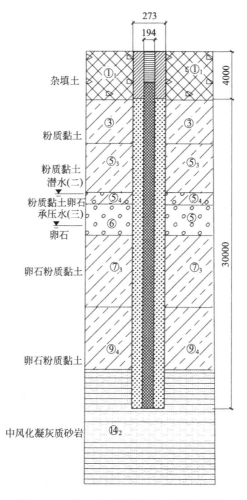

图 5-148 起—金区间降水井布置剖面图

5.11.2.2 措施二

起—金区间竖井横通道施工过程中，采取局部深孔注浆止水方式进行止水。

对竖井开挖的作业面，注浆之前需在开挖面浇筑厚度不低于 200mm 的 C20 混凝土止浆底板。

竖井含水区段标高约为 68～72m，计划于标高 66～74m 处进行深孔注浆止水施工，深孔注浆总长 8m。注浆孔间距 1.4m，注浆扩散半径 0.8m，搭接 0.2m，梅花形布置。竖井深孔注浆止水帷幕一圈共 24 个注浆序列。

根据该场地岩土工程勘察报告和现场踏勘情况，水位线在横通道上方，横通道采用帷幕注浆止水方案。在深孔注浆孔钻孔之前，先在上导洞施做止水墙。

5.11.3 风险源控制措施

5.11.3.1 主要风险源

起—金区间主要涉及环境风险工程如下所示：

（1）双线 A 型断面下穿 $\Phi200$ 污水管（三级）：区间距离管底约 8m。

（2）双线 B 型断面下穿通信管 2 条（三级）：区间距离管底约 8m。

（3）双线 C 型断面下穿上水管 $\Phi200$（三级）：区间距离管底约 9m。

（4）双线 C 型断面下穿电力管（三级）：区间距离管底约 9m。

（5）双线 C 型断面下穿通信管 3 条（三级）：区间距离管底约 9m。

（6）双线 C 型断面下穿 $\Phi700$ 污水管（二级）：区间距离管底约 8m。

（7）双线 C/D 型断面下穿北辛安路（二级）：区间距离路面约 9m，挡墙高 3m。

（8）明挖段主体明挖基坑侧穿构筑物 1（一级）：该构筑物为二高炉 N9 转运站，为保留历史遗产，将其部分拆除。保留结构距离明挖结构外皮水平净距约 7.9m，钢架结构。

（9）明挖段主体明挖基坑侧穿构筑物 2（一级）：该构筑物为 N8 转运站，结构距离明挖结构外皮水平净距约 6.13m，砖砌结构。

（10）明挖段主体明挖基坑侧穿构筑物 3（一级）：该构筑物为二高炉 N1 转运站，为保留历史遗产，将其部分拆除。保留结构距离明挖结构外皮水平净距约 13m，砖砌结构。

5.11.3.2　风险源控制

1. 设计措施

起—金区间正线含水区段施工期间，主要设计措施为区间降水施工。本区间共布设降水井 112 眼，井深 34m，其中竖井降水井 36 眼（均布设在现有包封外侧），区间 76 眼。区间西端头进入凉水池东路部位无法进行地面降水井施工，设计为采取洞内轻型井点降水措施。

2. 施工措施

施工前应对建筑物的基础和结构进行详查，区间隧道 XKO＋535.000～XKO＋547.600，采用双侧壁导坑法施工，两条隧道间距为 1300mm。区间隧道 XKO＋547.600～XKO＋564.100，采用 CRD 法施工，两条隧道间距最小为 1300mm，最大为 3500mm。为确保两条隧道施工过程中的安全稳定，依据设计要求，采用径向注浆施工方法，对两条隧道之间土体进行加固处理。对正线进行保护，施工过程中及时进行初支和二衬背后注浆。严格控制注浆压力，必要时进行多次补浆。并加强建筑物的监测和巡视，及时反馈信息，根据监测结果及时调整施工参数，确保建筑物安全。

3. 其他措施（施工过程中的补充措施）

区间西端头进入凉水池东路部位采取深孔注浆方式进行加固止水。

4. 降水井施工顺序

施工竖井降水井→区间正线降水井。为保证降水效果，建议在详勘阶段进行群井抽水试验及水位恢复试验，以调整设计参数。

5.11.4　监测及巡视情况分析

5.11.4.1　监测措施

暗挖隧道周边地表监测过程中，主要分地表监测点和管线监测点，监测布点平面图如

图 5-149 所示。

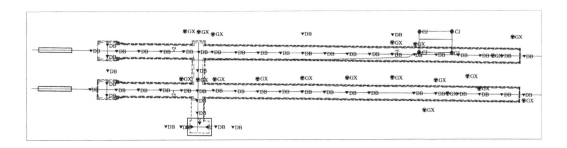

图 5-149 起—金区间涉水区段上方及周边沉降监测布点平面图

地下水部位测点共涉及监测点 66 个，测点平均变形－35.09mm，最大沉降测点 DB-03-02 沉降－66.17mm，位于 1 号横通道向西区间左右线中间部位上方，上方测点平均变形速率－0.01mm/d，基本稳定（图 5-150）。

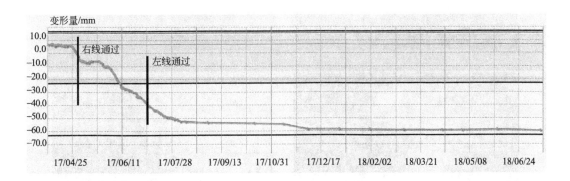

图 5-150 起—金区间上方 DB-03-02 沉降时程曲线图

通过对以上监测数据总结及分析，可知北京地铁 6 号线西延工程起—金区间施工过程中，开挖面通过后，上方测点开始变形，受开挖及洞内渗漏水影响，DB-03-02 测点逐渐沉降至 66.17mm 后趋于稳定，左右线对该测点影响程度相近。该测点变形速率小于－0.01mm/d，基本稳定。

5.11.4.2 巡视措施

1. 现场巡视情况

起—金区间含水区段施工期间对风险源进行巡视，如图 5-151 所示。

2. 巡视情况分析

巡视过程中，隧道存在拱顶局部地层较松散、仰拱部位积水的情况。现场在上台阶拱脚处预埋导流管，将上台阶积水导流，同时布设花纹板，提高文明施工程度，为施工提供方便。巡视情况如图 5-152～图 5-154 所示。

图 5-151 现场巡视情况

（a）施工竖井开挖面渗漏水 1；（b）施工竖井开挖面渗漏水 2；（c）施工横通道拱脚渗水积水；
（d）施工横通道拱顶可见浆脉；（e）施工横通道拱顶深孔注浆施工；（f）起—金区间周边降水井打设；
（g）施工横通道二层仰拱积水；（h）施工横通道二层开挖完成

图 5-152　起—金区间拱脚渗水积水照片

图 5-153　起—金区间仰拱部位积水照片

图 5-154　起—金区间拱脚埋设导流管照片

5.11.5　施工效果评价及建议

起—金区间整个施工过程中，洞内拱顶、拱脚及掌子面均出现渗漏水情况，其中拱脚及掌子面渗漏水情况较多。区间主要采用降水施工，受场地影响，降水井未完全封闭，导致洞内施工过程中局部地段受渗漏水影响较为明显，拱顶局部出现超挖，超挖范围 50～80cm 左右，地面沉降变形出现累计值较大的情况。超挖后，施工方及时进行了回填及注浆，有效避免了风险事件的发生。

地下水部位测点共涉及监测点 66 个，测点平均变形－35.09mm，最大沉降测点 DB-03-02 沉降－66.17mm。

地下水的渗流过程，会对地层的砂土产生冲刷，造成地层应力损失。对于开挖范围处于地下水部位的砂卵石区段，暗挖作业前应结合场地及外部条件，采取适宜的降止水措施。砂卵石颗粒较大，有效应力损失较小，随着时间的推移，细颗粒被冲刷后，土体应力重分布过程较长，导致地层在很长一段时间均存在缓慢变形。同时，受地下水的影响，地层容易出现超挖及坍塌情况。对于该情况，建议采取适当的注浆加固措施，保证地层稳定。同时对于地层中可能存在的水囊，应采取超前探测措施，避免水囊中水体一次性流出，造成风险隐患。

附录 1

北京地铁 6 号线西延工程
工点信息一览

北京地铁 6 号线西延工程车站工点信息一览表　　　　　　　附表 1-1

序号	工点名称	车站位置	车站形式	车站外包尺寸(m)	顶板覆土厚度(m)	底板埋深(m)	施工方法	备注
1	田村站	田村路与玉泉路—旱河路交叉路口	地下双层双柱(三柱)联拱结构	288.0×27.2	11.9	29.0	矿山法(PBA)	
2	廖公庄站	田村路与巨山路交叉路口	地下双层双柱(三柱)联拱结构	239.8×26.7	5.8~12.2	22.5	矿山法(PBA)	
3	西黄村站	西五环外西黄村桥西	地下双层双柱(三柱)联拱结构	256.9×26.6	8.5	25.0	矿山法(PBA)	
4	苹果园南路站	苹果园南路与苹果园大街—杨庄大街交叉路口东侧	地下双层双柱联拱结构	259.7×26.6	6.9~7.9	24.0	矿山法(PBA)	
5	苹果园站	苹果园南路西段	地下双层双柱联拱结构	324.4×26.7	10.8~11.7	24.0	矿山法(PBA)	
6	金安桥站	金顶南路与北辛安路相交路口	地下双层双跨箱式结构	297×22.9	4.0	19.0	明挖法＋盖挖法	

北京地铁 6 号线西延工程区间工点信息一览表　　　　　　　附表 1-2

序号	工点名称	区间位置	区间单线长(m)	隧道覆土厚度(m)	纵断面坡形式	施工方法	备注
1	田村站——一期起点区间	沿田村站自西向东敷设	1664.76	16.0~19.0	人字坡	明挖法＋矿山法	
2	廖公庄站—田村站区间	沿田村站自西向东敷设	2011.60	16.0~22.0	人字坡	矿山法	
3	西黄村站—廖公庄站区间	沿田村站自西向东敷设,旁穿西黄村桥	1599.89	18.5~27.6	V 字坡	矿山法	

序号	工点名称	区间位置	区间单线长(m)	隧道覆土厚度(m)	纵断面坡形式	施工方法	备注
4	苹果园南路站—西黄村站区间	沿苹果园南路自西向东敷设	1487.32	16.0～22.0	V字坡	矿山法	
5	苹果园站—苹果园南路站区间	沿苹果园南路自西向东敷设	620.65	15.2～19.8	单面坡	矿山法	
6	金安桥站—苹果园站区间	沿阜石路及苹果园南路敷设	905.55	16.0～19.0	—	矿山法	
7	起点—金安桥站区间	沿首钢旧址厂区自西向东敷设	464.00	9.3～21.8	—	明挖法＋矿山法	

附录 2

北京地铁 6 号线西延工程施工
各标段划分和参建单位

北京地铁 6 号线西延工程标段划分和参建单位　　　　　附表 2-1

工点	标段	勘察单位	设计单位	施工单位	监理单位	第三方监测单位
田——区间	02	中航勘察设计研究院有限公司	中铁隧道勘测设计院有限公司	中铁三局集团有限公司	中咨工程建设监理公司	中铁第五勘察设计院集团有限公司
田村站						
廖—田区间	03			北京住总集团有限责任公司		
廖公庄站						
西—廖区间	04	北京城建勘测设计研究院有限责任公司	北京市轨道交通设计研究院有限公司	北京建工集团有限责任公司		
西黄村站						
苹—西区间	05			中铁二十二局集团有限公司		
苹果园南路站						
苹—苹区间						
苹果园站				中铁十四局集团有限公司		
金—苹区间大断面	06					
金—苹区间	07			中铁六局集团有限公司		
金安桥站						
起—金间						

参 考 文 献

[1] 中华人民共和国国务院.中华人民共和国安全生产法［M］.北京：法律出版社，2014.

[2] 中华人民共和国国务院.中华人民共和国建筑法［M］.北京：中国法制出版社，2011.

[3] 中华人民共和国国务院.建设工程安全生产管理条例［M］.北京：中国建筑工业出版社，2003.

[4] 中华人民共和国国务院.安全生产许可证条例［M］.北京：中国法制出版社，2014.

[5] 罗富荣，汪玉华，刘天正，等.北京地铁6号线一期工程修建技术［M］.北京：中国铁道出版社，2015.

[6] 谭文辉，孙宏宝，徐潞珩.北京地铁7号线达官营站八导洞开挖方案对比研究［J］.现代隧道技术，2015，52（3）：168-174.

[7] 徐凌，罗富荣.地铁车站附属工程仰挖施工风险及控制措施研究［J］.隧道建设，2016，36（3）：320-325.

[8] 刘兰利.北京地铁7号线广安门内站道路沉降规律分析［J］.铁道建筑技术，2014（6）：39-44.

[9] 冯英会.平顶直墙隧道密贴下穿既有地铁结构变形规律分析［J］.铁道建筑技术，2019（2）.

[10] 孙长军，任雪峰，张顶立.北京市轨道交通建设安全风险管控［J］.都市快轨交通，2015，28（3）：49-53.

[11] 刘兰利.北京地铁不同结构形式PBA法车站沉降规律对比分析［J］.城市建筑，2020，17（23）：90-92.

[12] 金淮，潘秀明，曹伍富，高爱林.地铁安全风险管理工作的实施与评述［J］.都市快轨交通，2012，25（3）：44-47.

[13] 孙长军，张顶立.CRD法暗挖隧道下穿既有线施工沉降控制技术［J］.市政技术，2015，33（2）：97-101.

[14] 张波，马雪梅，任雪峰，孙建勋.地铁暗挖施工引起的地表沉降时空分布模型研究［J］.铁道建筑，2014（4）：58-62.

[15] 叶新丰，郝志宏.卵石地层PBA车站施工沉降分析［J］.市政技术，2014，32（3）：94-96.

[16] 王勇，江华，陈庆章，曲行通，贾英男，杨小龙.砂卵石与粉质黏土地层PBA法地铁车站地表沉降对比研究［J］.施工技术，2018，47（19）：17-21.

[17] 李小雷，朱正国，李振源.粉细砂地层柱洞法下穿市政道路中跨扣拱工序优化研究［J］.石家庄铁道大学学报（自然科学版），2018，31（2）：15-20.

[18] 张志勇.暗挖通道包穿既有结构数值模拟及其应用［J］.现代隧道技术，2014，51（1）：130-137.

［19］ 潘秀明．地铁工程结构和环境安全控制因素浅析［J］．铁道标准设计，2008（12）：6-8.

［20］ 张丽丽．地铁车站风道洞桩法施工对地层沉降的影响［J］．城市轨道交通研究，2017，20（10）：93-97.

［21］ 刘军，荀桂富，王刚，王亮，汪玉华．地铁车站洞桩法施工方案对比研究［J］．施工技术，2015，44（19）：91-93.

［22］ 戴玉超，张智斌．软弱地层大跨度暗挖地铁车站柱洞逆筑施工方法［J］．铁道标准设计，2008（2）：78-82.

［23］ 申国奎．地铁隧道洞桩法施工对地表沉降的影响研究［J］．市政技术，2010，28（S1）：193-196.

［24］ 袁扬，刘维宁，丁德云，高辛财，马蒙．洞桩法施工地铁车站导洞开挖方案优化分析［J］．地下空间与工程学报，2011，7（S2）：1692-1696.

［25］ 王霆，罗富荣，刘维宁，李兴高．地铁车站洞桩法施工引起的地表沉降和邻近柔性接头管道变形研究［J］．土木工程学报，2012，45（2）：155-161.

［26］ 张成平，张顶立，王梦恕．浅埋暗挖隧道施工引起的地表塌陷分析及其控制［J］．岩石力学与工程学报，2007（S2）：3601-3608.

［27］ 王海涛，闫帅，王梦恕，吴跃东．管线渗水条件下隧道施工诱发地层变位研究［J］．铁道工程学报，2018，35（3）：57-62.

［28］ 宋战平，张丹锋，曲建生，宋云财．承压富水砂土地层桩洞法施工变形控制研究［J］．西安建筑科技大学学报（自然科学版），2015，47（1）：33-38.

［29］ 任建喜，王松，陈江，孙杰龙，孟昌，朱元伟．地铁车站PBA法施工诱发的地表及桥桩沉降规律研究［J］．铁道工程学报，2013（9）：92-98.